It's Not You

Identifying and Healing from Narcissistic People

不 是 你 的 错

识别与治愈自恋者的精神霸凌

[美] 拉玛尼·杜瓦苏拉 著　孙芳 译

南方出版社·海口

由北京汉字工场文化传媒有限公司与企鹅兰登（北京）文化发展有限公司
PenguinRandom House (Beiing) Culture Development Co., Ltd. 合作出版

图书在版编目（CIP）数据

不是你的错 /（美）拉玛尼·杜瓦苏拉著；孙芳译 .
海口：南方出版社，2024. 11. -- ISBN 978-7-5501
-9486-1
Ⅰ . B84-49
中国国家版本馆 CIP 数据核字第 2024HM2223 号
著作权合同登记号 图字：30-2024-179 号

不是你的错
IT'S NOT YOU

（美国）拉玛尼·杜瓦苏拉 (Ramani Durvasula) 著　孙芳 译

责任编辑：焦　旭
特约编辑：冉子健 路思维
装帧设计：冉子健
出版发行：南方出版社
邮政编码：570208
社　　址：海南省海口市和平大道 70 号
电　　话：（0898）66160822
传　　真：（0898）66160830
印　　刷：三河市祥达印刷包装有限公司
开　　本：880mm×1230mm 1/32
印　　张：8.25
字　　数：138 千字
版　　次：2024 年 11 月第 1 版
印　　次：2024 年 12 月第 1 次印刷
定　　价：59.80 元

推荐序：无咎

一开始我并没有对这本书产生很大的兴趣。

起初是因为书名。作为流传甚广的电影《心灵捕手》中的金句"这不是你的错"，让很多人认为我和同行们的工作无非是在合适的时候如同复读机一样播出"这不是你的错"这句大赦天下的咒语。

其次是参考文献。天呐，一本讲述自恋及其危害和对质的书，居然不从弗洛伊德开始引用，且只字不提卡伦·霍尼，梅兰妮·克莱因，甚至连海因茨·科胡特也只提了一嘴。这严重伤害到了我的"自恋"。

最终，作者的名字拉玛尼·杜瓦苏拉（Ramani Durvasula）吸引到了我，这不是一个典型的美国名字，于是上网查了作者的背景，果然是南亚裔，这增加了我的好感。网上说作者专攻有毒关系中自恋状况的研究，以及与自恋幸存者的合作经验，深入探索了自恋者如何劫持我们的幸福，并提供了治愈的途径。咦？心动。

在精神分析的传统中，自恋被认为是一个从健康自恋到严重病理性自恋、乃至反社会水平的自恋谱系。病理性的自恋不仅仅劫持自我、也劫持周遭的他人，这会导致一种施虐受虐的关系。对严重病理水平的自恋者的精神分析性治疗是极其困难的，因为治疗关系本身就危害当事人的"自恋平衡"。所以临床上常见的是被极端自恋者伤害的群体，被自恋伴侣或父母劫持的人。对这类人群的工作要点在于，如何逐步移除他们的头脑中被自恋式霸凌的部分，然后逐步恢复正常的人际互动能力，而这通常耗时日久。那么，有没有适合这类人群的自助指南呢？还真有，就是你面前这本。

这本书的核心信息非常明确：自恋型虐待是一种有害的、往往被忽视的情感虐待形式，受害者并非"敏感"或"多虑"，而是正面临着一种系统性的心理操控。在书中，拉玛尼博士不仅通过专业的分析让读者理解自恋者的行为模式，还通过大量的实际案例，展示了如何从这种关系中恢复并重建自我。作者夹叙夹议娓娓道来，并不吝啬于分享自身的经历，为同患难者提供勇气。

在自恋型关系中，施虐者通常通过一系列令人迷惑的行为，如"情感轰炸"（love bombing）和"煤气灯操控"（gaslighting），来逐步瓦解受害者的自信心和自我认知。"情感轰炸"常常出现在关系的初期阶段，施虐者用夸张的爱意和关注吸引受害者，令对方陷入一种虚假的安全感。而一旦关系建立，施虐者的态度会迅速转变，通过贬低、忽视、操纵等手段不断削弱受害者的自我意识。此时，受害者往往已经深陷其中，难以察觉这些行为背后的真正意图，甚至会因为自恋者巧妙的心理操控而将问题归咎于自己。相信哪怕是你本人足够幸运没有遭受如此的劫难，也会在影视作品中见过这些桥段。

《不是你的错》不仅让读者了解这些心理操控手段的本质，还为他们提供了具体的应对策略和方法。书中详细解释了自恋者是如何通过操纵他人的感情、言辞和行为，来维护自己的权力和控制欲的。而面对这些行为，受害者需要首先认清这些操控背后的真实意图，明白这并不是自己的问题，真正的问题在于对方的不健康心理模式。

一个重要的转折点是，书中教导读者如何设定情感边界。情感边界是应对自恋虐待的重要防线。通过设定边界，受害者能够避免被进一步控制和伤害。然而，设定边界并不是一件容易的事，尤其是当受害者长期生活在自恋者的控制之下时，他们往往会失去对自我权利和需求的清晰认知。拉玛尼博士通过书中的多个练习和案例分析，帮助读者一步步建立起自我保护机制，并逐渐恢复他们对自身需求的认同感。

另外，书中还特别提到了自恋型虐待的代际传递问题。很多受害者并不是第一次遇到自恋者，而是在他们的成长过程中，早已被暴露在这种有害的关系模式中。作者深入分析了自恋型关系如何在家庭中一代代传递，并如何影响孩子的成长和未来的关系选择。通过打破这一代际循环，受害者不仅能够从自身的痛苦中解脱出来，还能够为未来的子女创造一个更健康的成长环境。

在书的后半部分，拉玛尼博士引导读者进入疗愈与重生的阶段。她指出，虽然与自恋者的关系会对我们的自我认知和情感世界造成巨大的打击，但这并不意味着我们就此失去了走向健康和幸福的机会。通过接受、理解并重新定义我们的过去，我们可以重新掌控自己的命运，并朝着自我实现的方向前进。书中不仅提供了恢复自我的具体步骤，还特别强调了自我同情和宽恕的重要性。自我同情并非软弱，而是重新建立自我认同的关键，它帮助我们正视自己的情感需求，而不是在自我否定中挣扎。

此外，拉玛尼博士还探讨了如何在不破坏重要人际关系的前提下，调整与自恋者的相处模式。对于那些无法立即切断与自恋者关系的读者，比如在家庭、工作或社会环境中的自恋型关系，书中提供了行之有效的沟通和应对技巧。这些技巧不仅能减少受害者的情感消耗，还能在自恋者面前设立健康的边界，避免陷入过度的情感依赖。

书中最为重要的启示之一是：即便自恋型关系带来了深刻的伤害，受害者依然可以通过自我疗愈的过程，重新找回属于自己的生活。无论是从情感上、心理上还是在实践中，书中都提供了详细的指导，让读者逐步摆脱自恋者的影响，走向独立、健康和幸福。最终，这本书帮助我们明白，自恋型虐待的发生不是我们的错，我们不必为此承担责任。通过认识到这一点，受害者能够走出自恋者的阴影，重新掌控自己的生活，迎接更加光明和自由的未来。

全书的最后一章"重写你的故事"让我非常感动和振奋。在这里我感受到了即便是不同的理论取向，也会殊途同归。我一直认为自己的工作是和来访者一起把"事故"转化为"故事"。从事故中走出，创造新的故事，From trauma to triumph.

这不是你的错，最终，这不是错。正如易经中多次出现的那个词：无咎。

张沛超

哲学博士　心理咨询师　督导师

2024 年 10 月 16 日

本书赞誉
Praise for It's Not You

这是一份富有同情心的路线图和生存指南，能够帮助那些处于自恋虐待关系中的人了解如何治愈和成长——无论这些棘手的关系仍然存在还是已经结束。

——杰伊·谢蒂（Jay Shetty），《纽约时报》畅销书《像僧侣一样思考》作者，
播客《与杰伊·谢蒂一起努力》（On Purpose with Jay）主持人

你的必读书！拉玛尼博士将教你如何从任何有毒关系中治愈。凭借她数十年的研究和临床经验而积累的专业建议，她让不可能的事情变得可能。

——梅尔·罗宾斯（Mel Robbins），《纽约时报》畅销书《调校心态》作者，
《梅尔·罗宾斯播客》主持人

在本书中，拉玛尼博士对自恋虐待的受害者直言相告，基于她多年的临床经验和研究提供了有针对性的建议。我强烈推荐这本书给任何在与自恋者的关系中挣扎的人。你会意识到问题不在于你，并且你是解决问题的人。

——W. 基思·坎贝尔博士（W.Keith Campbell），佐治亚大学心理学教授，
《自恋时代》作者

《不是你的错》探讨了一个被广泛误解的话题，并为曾经或正处于自恋型关系中的人提供了一条前进的道路。拉玛尼博士怀着深切的同情心，巧妙地帮助读者走出自责转而认清现实。对于那些在书中看到自己的经历并感到不再那么孤独的人来说，本书是一份珍贵的礼物。

——维也纳·法鲁恩（Vienna Pharaon），畅销书《你的起源》的作者，
播客《这一直在发生》主持人

无论你是想避免破坏关系、离开一段关系，还是希望最终重新开始一段关系，拉玛尼博士创作了这部作品，（它）对我们理解之前绝对不想遇到的关系模式至关重要。《不是你的错》不仅能拯救生命，还能重建生命。这不仅仅是一条出路，更是一条回归自我的道路。

——马修·赫西（Matthew Hussey），播客《与马修·W.胡西一起热爱生活》主持人

情感虐待关系剥夺了我们的声音和力量，而拉玛尼博士为我们提供了工具，教会我们所有人如何找回自我，再次感到完整。

——德布拉·纽厄尔（Debra Newell），《肮脏的约翰》作者

拉玛尼博士是治愈和自恋方面最受尊敬的专家之一。我很感激她在这本重要的书中谈到了经常被忽视的悲伤和自恋世界。

——大卫·凯斯勒（David Kessler），《生命中不可承受之痛》作者

拉玛尼博士的与众不同之处在于她非常重视从自恋者破坏性行为的负面影响中治愈。她用热情而富有同情心的方式提醒我们，治愈是可能的。一如既往，拉玛尼博士给"狮子"们带来安慰和认可。《不是你的错》是一份礼物。

——珍妮弗·费森（Jenifer Faison），播客《背叛》主持人

《不是你的错》非常精彩。拉玛尼博士用直截了当和清晰的语言，创建了一个框架，能够让我们深入了解这种最阴险的虐待形式的复杂性，并从中治愈。她挑战了传统心理学当前范式中的误解和知识上的明显差距，用同情和足够的坦率，引导我们走出地狱，回归真实自我。

——马克·文森特，自助组织 NXIVM 吹哨人和网剧《没有同理心》的导演

原书出版社创始人致读者的信

亲爱的读者：

许多年前，鲁米的这句话就在我心中有了一席之地：

在善恶观念的彼岸，

有一片原野，

我会在那里与你相遇。

自那时起，我就酝酿出了一个"旷野"的形象——一个超越恐惧和羞耻的地方，一个超越评判、孤独和期望的地方，一个万物重聚的地方。我的灵魂希望找到通往那里的路——每当我得知一个可以帮助我走上这条道路的观点或方法时，我就喜欢与他人分享。

这就是我成立旷野出版社的原因。我希望出版那些凝聚了荣耀人类真理的书籍：我们都在寻求同样的东西——我们都在寻求尊严，我们都在寻求快乐，我们都在寻求爱和接纳，寻求被看到，寻求安全。我们寻求的这些东西与竞争无关——因为它们不是物质的商品；它们是精神的礼物。

如果我们分享我们所知道的——是什么让我们振作起来并推动我们前进，我们都可以互赠这些礼物。这是我们对彼此的责任——帮助彼此走向接纳、和平和幸福。我向你们保证，这个出版社出版的书籍将成为通往"旷野"的地图，并由熟悉这条道路且愿意分享它的向导们撰写。

每本书都将提供洞察力、灵感和指导，以超越恐惧、评判和我们所有人戴着的面具。当我们摘下面具时，猜猜会发生什么？我们会发现我们与我们所想的完全相反——我们就是彼此。

我们都在通往"旷野"的路上。我们都在路上互相帮助。我会在那里与你相遇。

爱你们的玛丽亚·施莱弗

致所有经历过情感虐待关系的幸存者们。

献给我的母亲——赛伊·库玛丽·杜瓦索拉，故事还未结束。

纪念我的曾祖母古努普蒂·文卡曼和她之前的祖母们。

在泪水中寻找隐藏的欢笑，在废墟中探寻宝藏，

成为真诚的人。

——鲁米

每一次背叛都蕴藏着一个完美的时刻，就像硬币

有正反面。

——芭芭拉·金索沃

目 录
CONTENTS

前　言
Preface

　　曾经，有一个八岁的小女孩，在新英格兰一所小学闷热的食堂里，坐在地板上，看着一群从纽约市来的马戏团演员在她的学校表演。那是多元文化意识尚未形成的 20 世纪 70 年代，这个有着外国名字、棕色皮肤、紧紧扎着两条辫子的小女孩无师自通地学会了"隐身"。马戏团从吵吵闹闹的孩子们中挑选志愿者，一个男孩被选中扮演大象，一个女孩被选中充当杂耍演员的助手，而最幸运的那个男孩当上了指挥！

　　最后，马戏团的工作人员举起了一件演出服：它是缎子做的，深紫色，上面装饰着流苏和亮片。所有的女孩子都被它迷住了，包括扎着辫子的那个。所有女孩的手都举了起来，尖叫着"选我，求求你选我吧"，但除了她。辫子女孩想：她们哪来的勇气？她们为什么不怕？团长没看那些举手的姑娘，选择了辫子女孩。她浑身颤抖，低着头眼泪汪汪地小声说："不了，谢谢你，先生。"他看着她，轻轻问道："你确定？"她默默地点了点头。坐在她旁边的女孩抓住了这个机会，得意洋洋地穿上了那条裙子。团长问辫子女孩想要什么角色，她说她藏在马头道具里就好。后来，她会花好几年的时间想象穿上那件闪亮的紫色华服是什么感觉，但那天她非常害怕同学们嘲笑她……也害怕被人看到。她隐身了。

在她的生命之初，她就内化了这样的信息：她的愿望、梦想和需求不值得被看到，她不够好。她善良仁爱的母性梦想遭到了打击和压制，女孩觉得自己没有权利实现这些梦想中的任何一个。

直到她实现了。

虽然我现在也没有一条华丽的紫色亮片连衣裙，但我承认，我们可以从那些自恋者的故事中抽身。**他们定义了我们，不让我们说话，剪断我们的翅膀，说我们的梦想不切实际，令我们无地自容，并一度偷走了我们的快乐。**我们可以获得爱情、成功和幸福，但也知道，我们的灵魂仍会经历黑暗之夜，自我怀疑的阴影仍会伴随着我们。我们可以回报社会，让人们知道发生过的事情是真实的，他们已经足够好了。我做到了，而且每一天我都看到越来越多的人做到了。我们可以打破贬低、否定以及心理自残的代际循环。这些故事必须要说出来。

我仍然不知道我今天是否有勇气抓住那件闪闪发光的裙子。但我想，当年那个扎着辫子、有着棕色大眼睛、没人能念对名字的小女孩应该穿上它尽情摇摆。

那个小女孩衷心地对你们所有人说：我知道你们也可以。

引 子
Introduction

我们是如何走到这一步的

> 中立帮助压迫者，而不是受害者。沉默鼓励施虐者，而不是被虐者。
>
> ——埃利·威塞尔

上午 9:00

有两个孩子的卡罗莱娜在 20 年的婚姻中，多次被丈夫伙同朋友和邻居背叛和欺骗。他之前始终矢口否认。在对她的"偏执妄想指控"大发雷霆之后，他说之所以出轨都是她的错，因为她让他觉得自己不重要。她尽量不去追求自己的事业，这让他感到"安全"。她深陷于失去当下美好生活和家庭的痛苦中，认为自己不够好、觉得自己或许误解了他和当时的情况、知道他每次批评她并辜负她的信任时自己都会心碎，这些都让她十分痛苦。卡罗莱娜无法理解这一切，因为在她父亲去世前，她的父母幸福地度过了 45 年的婚姻生活。她跟她的父母一样重视家庭，但现在却面临着离婚，她觉得自己失败了。她还患上了定期发作的恐慌症和抑制型焦虑，她时不时幻想和思考和解的可能。

上午 10:30

娜塔莉亚与一个男人结婚 50 年了，那个男人告诉她，当她身患癌症，对他抱有如此高的期望是"荒谬的"。他说这是"破坏性的"，让他很沮丧，因为现在他应该为她感到难过，推翻繁忙的日程安排接她去做化疗。经过几年的癌症治疗，她患上了神经系统疾病，走路困难，他会挖苦她，称她为"女皇"，因为她要求在餐馆门前下车，而不是在寒夜中走 5 个街区。然而，他们的子女和孙辈都已成年，生活中充满了旅行和家庭时光。娜塔莉亚不想成为破坏所有人都乐享的生活方式的罪魁祸首，她承认，在很多日子里，她都很享受丈夫的陪伴，他们仍然有像样的性生活，还有共同的过去。尽管她拥有医学和法律学位，但他对待她就像个私人助理。她一直在与持续的健康问题、自责和羞耻作斗争，并且除了关系密切的家人之外，与所有人都疏远了。

下午 1:00

拉斐尔小时候，他父亲就认为他比不上他哥哥。他一直幻想着一旦赚到足够的钱，就会得到父亲的关注。父亲一直认为他一事无成，并乐于向他讲述他哥哥最近又取得了哪些成就（拉斐尔和他哥哥早已不相往来），并且对他的妻子也就是拉斐尔的母亲进行情感虐待，给他母亲造成了巨大的心理伤害，拉斐尔认为这就是她早逝的原因。拉斐尔知道他的祖父也是这样对待他父亲的，这就是他们的文化，而且他也知道他父亲和祖父经历的种族偏见和种族限制也是个重要因素。拉斐尔一直无法维持和谐的亲密关系，他不停地告诉自己："如果我能向父亲展示我的成功，我就万事大吉，就能过好剩下的日子。"拉斐尔夜以继日地工作，靠药物和各种疗法来帮助入睡，很少社交又渴望社交。他说，还有这么多工作要做，度假或出去玩感觉太"奢侈"了。

以上是我的诊室日常。多年来，我听了太多这样的故事。显然，在几乎每一个像拉斐尔这样的案例中，父母都会继续否定他们，而对于像卡罗莱娜和娜塔莉亚这样的人，她们的伴侣则会继续指责她们。但如果我事先对拉斐尔、卡罗莱娜和娜塔莉亚说，他们身边的人很可能会继续他们之前的加害行为，这对我来说没什么用。相反，我的工作是告诉他们**什么是可接受和不可接受的行为，什么是健康的关系**，同时为他们创造一个安全的空间，让他们去探索自己的感受、分析这些关系并发掘真正的自我。我们必须弄明白这种困惑，研究为什么他们会为自己没有做过的事责备自己，或者在自己没有做错任何事的情况下感到内疚。作为一名治疗师，不考虑背景只注重焦虑、疾病、抑郁、困惑、不满、沮丧、无助、社交孤立、过度工作当然更容易。这就是我们想要做的事情，也是我们被教导要做的事情：专注于诊室里的人的不良适应模式，而不是他们周围发生的事情。

但是确实有某些事情正在发生。一周又一周，客户们的恐慌和悲伤随着他们人际关系中的模式和行为而起伏不定。很明显，人际关系是马，而让他们前来接受治疗的焦虑是车。这些客户是截然不同的人，各有各的过去，然而他们故事当中的相似性令我深感震撼，他们都觉得自己应该为自己的处境负责。**他们自我怀疑，辗转反侧，羞愧莫名；**他们在心理上感到孤立、困惑和无助。在这些人际关系中，他们愈发自我检视，愈发小心翼翼地避免生活中这些找麻烦的人的**批评、蔑视或愤怒。**他们试图改变自己，希望这样可以改变这个人和这段关系。

另一个明显的相似之处是他们的人际关系中出现的那些行为。我的客户们一直在分享他们因提出需求、自我表达或做自己而被否定或羞辱的故事——无论它们是来自伴侣、搭档、父母、其他家庭成员、成年子女、朋友、同事还是老板。他们的经验、看法和经历本身经常遭到质疑。他们因身边这些人的不良行为而受到指责。他们感到迷茫，孤立无援。

但同时，他们也都认为情况并不总是很糟，有时也会有欢笑、美好的性爱、美妙的体验、晚餐、共同的兴趣和回忆，甚至爱情。确实，就在局面似乎无以为继的时候，总会有一个好日子，刚好足以重燃他们的自我怀疑。我给客户们的是曾经帮助我治愈自己的东西——认可和知识。关注他们的焦虑而不告诉他们这些关系模式的相关知识，就像用给轮胎打气来解决发动机问题一样。但这个发动机问题似乎总是回到同一个地方：自恋型关系。

有句非洲谚语说，**除非讲故事的是狮子，否则狩猎故事永远是在赞美猎人。**掌握叙事的人掌握权力。迄今为止，我们只讲述猎人的故事。与自恋相关的书籍往往只讨论自恋者。我们对这些魅力四射的人深感好奇，他们做下如此多的不良和伤害行为，却几乎没有受到任何惩罚。我们不得不去理解为什么他们看起来如此成功，他们为什么会这样做。尽管我们可能不喜欢自恋，但我们却赞美具有这些性格特征的人——他们是我们的领袖、英雄、艺人和明星。不幸的是，他们也是我们的父母、伴侣、朋友、手足、孩子、老板和邻居。

但是狮子呢？被猎人追赶或伤害的人呢？

大部分关于自恋的著述往往忘记了故事中更重要的一方：**被自恋者紧追不放的人会怎么样？** 人们如何受到周围人的自恋性人格及其行为的影响？我们对猎人是如此好奇，以近乎痴迷的热情想要了解他们为什么要这样做。人们受到伤害时，当务之急是弄明白"为什么"——好像这样就能以某种方式减轻痛苦（并不能）。为什么有人会缺乏同理心、会操纵别人、天衣无缝地撒谎，或者突然暴怒？然而，当我们关注自恋型人格的人为什么会如此行事时，我们却忽视了那些爱上自恋者，与自恋者生儿育女，与自恋者有血缘关系，为自恋者工作，和自恋者共事，与自恋者离婚、合租、做朋友，以及抚养自恋者的人会发生什么。他们怎么样了？

一句话：他们过得并不好。

这是一次令人不快的谈话。你不想诋毁你所喜爱、钦佩、尊重和关心的人。比起接受你正面临的可预测的、不可变的和有害的模式，将其归咎于自己或生活琐事更加容易。作为一名心理学家，我曾与数百名遭受自恋虐待的亲历者合作过，维护着另外数千名亲历者的治愈方案，还就这一主题写过几本书并创作了数千小时的内容。我很怀疑围绕自恋的谈话有没有价值，因为问题主要是自恋者的行为及其对你造成的伤害。

如果自恋者性格不太可能改变，我们能将性格与行为分开吗？他们的伤害行为是否是故意的重要吗？如果不了解自恋，你能治愈客户吗？最重要的是，你能从这些关系中疗愈吗？这本书将研究这些棘手的问题。

有人反驳我说："你怎么知道他们的伴侣／父母／老板／朋友是自恋者？"这个问题问得好。当我在治疗中与客户合作时，我通常不会见到他们生活中的其他人，但我有详细的记录，经常看到对抗一方发给他们的电子邮件和短信，并亲眼目睹他们给客户造成的影响。我认为亲历者身上发生的事情最好被称为**对抗关系压力**（antagonistic relational stress）。将客户生活中加害人的行为形容为"对抗的"更加全面，这是一个更广义、更少污名化的词。我在向其他专业人员讲授这些模式时会使用该术语，因为它体现了我们在自恋中观察到的对抗模式的广度——操纵、寻求关注、剥削性、敌意和傲慢——以及其他对抗性人格类型，如精神变态，并将其定位为对抗关系引发的一种独特压力。尽管自恋一词已经众所周知，大多数人都听说过"**自恋虐待**"（narcissistic abuse）这个词，但我在本书中将使用**对抗性**这一术语来体现这些模式的广度。

除非有着切身体验，你是不会从事这项工作的。是的，对我来说，这项工作确实是个人的。在我的家庭关系、亲密关系、工作关系和朋友关系当中，**我都经历过由自恋引发的否定、愤怒、背叛、轻视、操纵和煤气灯操控**。当我听到客户讲述他的痛苦时，我就像肚子上挨了一拳，随后我开始进行治疗并分享自己的痛苦，慢慢地意识到这也是我的故事。自恋虐待改变了我的职业生涯和生活。我深受煤气灯操控之害：我颠倒黑白，我应该受到责备，我对别人的期望不切实际，我不值得被看到、听到或注意到。这些从根本上塑造了我，**对争取紫色连衣裙的恐惧演变为成年后觉得自己不配获得成功、爱情或幸福。**没有恍然大悟，也不是某个特定单一关系，自恋虐待出现在我生活中的各种关系和各个方面，所以我相信这一定是我的原因，不可能周围所有情况都有其他解释。我在研究生院时从未接触过自恋虐待，我认为这根本不算个事，直到我终于认清了它。我伤心了好几年，要是能把在反思和悔恨中浪费的岁月找回来就好了。认为家人和我爱的人自恋曾经令我感到内疚和不忠。我逐渐设定了边界，彻底接受了这些行为不会改变这一事实，不再试图改变身边的对抗者，并与他们和他们的行为保持距离。我失去了很多人，并且受到指责，因为我违反了忠于家庭的古老文化规范以及要设法与那些刻薄的人相处的现行规范。我现在意识到，**如果你在刻薄的人身上花太多时间，你最终会流干最后一滴血。**

大约 20 年前，我指导的一些研究助理反馈说门诊里某些病人的特权、失调、轻蔑和傲慢行为如何严重地伤害了护士、医生和诊所里的其他工作人员。这种现象促使我开启了一项个性研究——特别是自恋和对抗，以及它如何影响人们的健康。

同时，我利用身份之便得知了数千名忍受着这种关系的人的故事。不幸的是，很多时候，我不断听到伴侣、家人、朋友、同事，甚至治疗师都在指责遭受虐待的人太敏感、不够努力、过于焦虑、不能包容，顽固、逃避、严厉到要使用自恋者这个词，以及沟通不畅。我读过一些治疗师培训计划的摘要，这些培训计划反驳那些认为他们的家庭或人际关系有毒或者在治疗中提起操纵关系的客户，认为他们不过是在抱怨。**有无数的书籍和文章写到了自恋型人格以及如何对自恋者进行治疗,却几乎没有一个人提到陷在这些关系里的人会怎样,或者如何对与自恋者相处的人进行治疗,尽管心理健康领域的每个人都知道这是不健康的关系。我不再纠结,而是将愤懑转化为关注相关知识的传播,不仅是向"自恋虐待"的客户和亲历者,也向临床专业人员传授。

我的客户们有的经历了长达数年的离婚;有的在提出骚扰和虐待的书面指控时被公司领导层怀疑,并眼睁睁地看着职场恶人换到了别的地方任职;有的设定了边界,却被家人断绝了往来;有的被惩罚见不到孙辈;有的看着自恋的兄弟姐妹在经济上虐待年迈的父母;有的熬过了被否定的童年,却在被否定的成年继续煎熬;有的被没能得逞的自恋型朋友网暴;有的被自恋型父母在临终时操纵。在我工作过的一些机构里,首选的沟通方式是煤气灯操控;我看到体制纵容最恶毒的人,而最优秀、最聪明的人却受到伤害。就我个人而言,我仍然会避免靠近洛杉矶的一些道路和社区,因为我的"带宽"不够处理这些记忆。我曾受到过人身威胁并被迫辞职,我看到家人更关心家庭名誉而不是安慰正在受苦的人,这使我花了很长时间来重新建立对人的信任。

关于自恋,你唯一需要了解的是,在几乎所有情况下,**这种性格模式在你进入自恋者的生活之前就存在了,在你离开后也会继续存在。**这些关系会改变你,但这种转变会带来成长、新的视角,以及更清醒地观察和闯荡世界的方法。**认清并摆脱这些关系是在唤醒你去发掘真实的自我,掸去灰尘,并带着它走向世界。**传统的治疗目标是让客户了解他们在关系中的角色和责任,并学会换个角度看待那些失调的情况,但这种治疗目标并没有考虑到,在处理与自恋者有关的情况时，客户是处于不利局面的。除了在关系中欺骗自己，你还能怎么换个角度来看待一个操纵你、否定你作为一个人存在的人呢？与其学会换种方式看待这个人，不如开始学习什么是不可接受的有害行为。

我希望这本书能揭示一个简单的事实——自恋模式和行为真的不会改变，而你不该为他人的行为负责——这种认识会带来改变。我想要你明白一个简单而深刻的真理：

这不是你的错。

我听到来自世界各地的人说，仅仅了解了自恋模式的框架以及这些关系对他们的影响，他们多年来第一次感到自己是正常的。这并不是要声讨自恋者，而是要识别不健康的关系行为和模式。我希望你：被准许脱离这段关系；了解关系中的各种表现（好的和坏的）都是真实的；明白理解自恋并不意味着你必须离开或与难以割舍的人断交，而是要换个方式与他们互动；承认被人看到，表达和认可自己独立的身份认同、需求、愿望和抱负是一项基本人权；意识到现在该换个思路看待你或敬或爱的人——而他们却在伤害你——的行为，而不是换个角度自我反思。最后，我要清楚而明确地告诉你：你永远无法改变他人的行为。以上这些方法就像打开了家里的灯，而关掉了煤气灯。

这本书是写给你、写给那些在与自恋者的关系中被否定的一方的。这本书不只是在讲他们会怎么做，更是在讲你可以怎样治愈自己。书中对自恋进行了简要描述，以确保我们的观点是一致的，但其他部分都是**为你而写，也是写你的**。可以说，这是一个由"狮子"讲述的狩猎故事。它将研究自恋者行为对你的影响，以及如何优雅、

9

智慧、充满同情和力量地前进、恢复和治愈。这是一本用我的头脑
和心灵写成的书。

很多时候，当你摆脱一段自恋型关系，或者解除了一段你觉得
已经结束了的关系，但实际上治愈和随之而来的一切才是刚刚开始。
这是你故事的开头，你会走出被否定的阴影，最终让你成为你自己。

第一部分

自恋型关系

第一章

什么是自恋

那些容易被无限自由的空想打动的人，如果梦想落空，
也会厌世和愤怒。

——乔纳森·弗兰岑

卡洛斯是那种会帮助每个邻居的人。他一心一意地照顾生病的
母亲，深爱那个一段短暂恋情给他带来的儿子，甚至把自己形容成
一个喜欢玩具和足球的"长得太快的小孩"。每个人，包括他相恋
多年的女友，都说他善解人意，并且关心他们过得好不好。他可能
会忘记你的生日，但他会记得你面试的日子，并发短信"祝你好运！"。
他在一个周末和朋友们去参加音乐节，喝了很多酒，亲了别的女人，
然后带着羞愧和伤感回家向女友坦白，因为他不想骗她。之后，女
友在社交媒体上发了很多卡洛斯"自恋"的帖子。

乔安娜和亚当结婚差不多5年了。亚当工作勤奋，事业上却磕磕绊绊，乔安娜鼓励他做自己真正想做的事，而她则承担养家糊口的重担。最初，亚当的自律、忠诚和职业道德吸引了乔安娜。但他常常对她的职业不屑一顾，还认为她流产后的伤心是在"做戏"；如果她让他帮忙做家务，他就会大发雷霆，然后指责她请保洁是在浪费钱。她想花时间陪伴朋友和家人，而他认为毫无必要，说她的朋友是"寄生虫"，她的家人是"无聊的家庭沼泽"。这些深深地伤害了她，而且他在时间规划上相当自私。但他记得她的生日和周年纪念日，并大张旗鼓地庆祝，即使他负担不起。乔安娜感到很愧疚，因为亚当的梦想从未实现过，所以她把亚当反复无常的同情心归咎于他认为自己的生活不如意。她想着，如果情况好转，他就会变得好一些，他不把碗从洗碗机里拿出来又能怎么样呢？他在那些大事上付出了那么多的精力——尽管她宁可他收拾洗碗机，并对她的朋友态度好点。

你认为谁更有可能自恋？粗心的卡洛斯还是愤怒的亚当？

"自恋"是我们这个时代的词，但人们对它有着深深的误解。如果自恋者只是爱照镜子、矫揉造作、以自我为中心，那事情就简单了，但他们远不止如此。他们是情感上虐待你的伴侣，他们贬低你，但有时和他们在一起你很开心。他们是有毒的老板，他们会在同事面前斥责你，但你非常钦佩他所做的工作；他们是嫉妒你的成功，但是观看了你小时候所有足球比赛的父母；她是你的一个朋友，她永远都是受害者，没完没了地谈论她的生活，却对你的生活不感兴趣，但她从你13岁起就伴你左右。这些情景抓拍还不足以体现自恋的复杂性。你可能和自恋者有过一段或多段关系——但你本人对此一无所知。

不过，如何才能辨别什么是自恋，什么不是自恋，以及它是否对你有影响？本章将探讨人们为何会误解自恋，并揭穿许多和自恋有关的迷思。你会发现为什么了解自恋会把你自己的生活拖下水。

自恋型人格的 15 个显著特征

自恋是一种人际适应不良的性格类型，它涵盖了一系列不同的特征和行为模式，从轻微到严重、从脆弱到恶毒不等，甚至还可能是致命的。自恋者与以自我为中心、虚荣或自以为是的人的区别在于一个人身上这些特征的一致性和数量。仅仅表面上看起来像并不意味着这个人就是自恋者。

还要看这些特征对自恋者的作用，即自恋者的自我保护。自恋与深深的不安全感和脆弱感有关，自恋者通过支配、操纵和煤气灯操控等手段来进行抵消，从而使他们不致失控。多变的同情心和缺乏自我意识意味着他们不会停下来考虑他们的行为给其他人造成的伤害。真正的问题并不是这些特征，而是这些特征如何转化为持续的伤害性行为。

因为一个人的性格特征——尤其是像自恋症这样僵化的、不被意识到的性格特征——不可能会改变，所以他们的行为也不太可能改变。而且由于自恋程度从轻到重的跨度很大，我们在人际关系中对这种性格特征的体验也大不相同。**中等程度的自恋型关系是，有足够多的坏日子对你产生负面影响，也有足够多的好日子让你不能自拔。这是许多人陷入困境的地方，而"中度自恋"正是我们要关**

注的重点。让我们仔细看看它的一些特征。

自恋供给需求

自恋者需要认可和赞美，这种需求激发了他们的许多行为。他们寻求地位、恭维、超乎寻常的辨识度和关注，这可能会表现为出手阔绰、注重外表、与奉承他们的人在一起或在意社交媒体上的点赞和关注。这种来自其他人或整个世界的认可，无论以何种形式出现，都被称为"自恋供给"（narcissistic supply）。另一方面，当他们得不到他们认为自己应得的认可和供给时，他们就会郁郁寡欢，他们会变得易怒、心怀怨恨、闷闷不乐和愤愤不平。他们身边的任何人都必须提供这种自恋养分，否则就会面对他们的怒火。

自我中心主义

自恋的人以自我为中心，但这不仅仅是自私，这种自私是对他人的贬低。例如，一个自私的人会选择他想要的餐厅，但一个自恋的人除了会选择他想要的餐厅，还会告诉你他不得不这样做，因为你对食物一窍不通，无法进行选择。简而言之，自恋者永远把他们自己的需求放在任何关系之前。

一贯反复无常

自恋是一贯的。然而，它的这种一贯性会让人感觉反复无常。当自恋者调整到位，感觉尽在掌控，并且有足够的自恋供给时——例如工作进展顺利，受到表扬，新交了一个有趣的朋友，或者刚刚买了一辆新车——他们可能会不那么对抗，也更好相处。但不幸的是，他们的自恋供给很快就会让他们厌倦，所以他们总是需要更多更好的新的供给。我想起一个曾经一起共事的自恋者，有一天下午他说："今天真是太棒了，我谈成了一笔大生意，我就是天选之子，每次都会成功，对吧？"而当天晚上他却留言说他很生气，生活对他不公。我后来发现他情绪变化是因为他的新约会对象必须要把他们的晚餐改期。

他们的情绪变化就是这么快。

躁动不安

自恋型人格有一种躁动的特质，追求新奇和刺激，这就是为什么我们会发现他们出轨或频繁更换恋人、过度消费和疯狂购物或者有其他诸如此类的行为。如果一件事对他们来说不够有趣和吸引人，自恋型人格的人往往会表现出厌倦无聊、意兴阑珊或不屑一顾。

自大狂

自恋的一个典型特征是自大，表现为夸大自己对世界的重要性、对理想爱情故事及当下或未来成功的幻想、针对他人的优越感，认为自己卓尔不群。他们认为这些美好不存在于别人身上。自大还意味着自恋者们坚信自己优于别人。这是"妄想"，因为对于大多数自恋者来说，没有任何证据支持这些信念，尽管这种立场会给其他人带来不适或伤害，但他们仍然会坚持这些信念。

两面性

人们心底的困惑来自于自恋者在迷人、有趣、风度翩翩，与做到至少正常水准和有节制的底线之间反复横跳，有时甚至变得暴虐、阴郁和愤怒。**当万事顺遂时，他们自视甚高；如果不顺，他们就会责怪世界**，并将自己视为受害者。结果就是，你无法预测自己将要面对的是哪种自恋者——自大而快乐的人，还是沮丧、愤怒的受害人。这会让你们的关系变得有些不可控和难以忍受。

特权感

特权感是自恋的一个核心模式，也是最成问题的模式之一。自恋者认为他们很特别，必须得到特殊对待，只有其他特殊的人才能真正理解他们，规则对他们不适用[1]。如果规则用在了他们头上或他们被追究责任，自恋者会十分生气并抵制这些规则，因为**这些规则是为普通人制定的**！如果他们必须遵守规则，他们就不那么特别了。他们的特权是一种手段，用来打造一个可以体现他们特殊性的现实。在他们觉得自己没有得到 VIP 待遇时，他们的怒火会点燃并发泄出来。

大多数人可能都会回想起某个自恋者的特权让我们感到不适的时刻。一位女士告诉我，当她的丈夫没能如愿以偿时，他就会对餐馆服务员大喊大叫，而她则为他的行为感到羞耻。她说，她很擅长在此时羞愧地低下头，这样她就不必与丈夫的发火对象有眼神接触。可悲的是，她觉得这种不公她也有份，因为她没有阻止他，如果阻止他意味着要忍受他好几天的坏脾气或冷暴力。

过度补偿的不安全感

现在我们涉及到了自恋的基石，即不安全感。自恋不是高自尊或低自尊的问题，而是自我评价不准确、夸大和变化无常。**自恋者心里**

总是暗藏着一种深深的不足感，他们无法反思自己在别人眼里是什么样子，或者自己的行为对其他人有何影响。这可能会让人困惑——一个对自己如此有信心的人怎么会这么脆弱？所有这些自恋"特质"——**自大、特权、傲慢、需要恭维和关注**——都是用来保护自恋者的盔甲，是成年人可以披在他们脆弱心灵上的超级英雄披肩。

玻璃心

自恋者可以指责别人，但不能接受指责。当你给他们哪怕是最温和的批评或反馈时，你必须准备好面对他们迅速、愤怒和过度的反应，这让你更加困惑，因为他们反击的言辞往往比你的严厉得多。这常常与他们对肯定的长期需求形成鲜明对比：他们不会要求肯定，尽管他们看起来蛮不在乎，但很明显他们需要感到安心，需要被告知一切都会好起来。

然而，**提供安慰是在刀尖上跳舞**，如果你的安慰太过明显，他们会因为你让他们想起自己的脆弱而对你大发雷霆。我曾经有一位痴迷于表象的女同事，她为了她的生日聚会精心装饰了房子，而几乎不考虑别人的经济或时间条件。当她的家人忙于工作、照顾小孩、生活琐事或者身体不适时，她觉得这是直接的攻击，并且抱怨没有人欣赏她。她的儿子试图安慰她说："别担心，妈妈。我们保证会准时出现，我们会给你买你喜欢的蛋糕和冰激凌，还有很多礼物和丰盛的晚餐。你会过一个最棒的生日。"她反驳道："别把我当成6岁的孩子，你让我看起来像个疯子。"对反馈的敏感反应、对安慰的需要和长期的受害者意识，以及他们对脆弱的羞耻感和随之而来的愤怒，自恋者在以上这些表现之间的摇摆提醒了我们**自恋型关系**

的本质：你赢不了他们。

无法自我调节

自恋者无法控制自己的情绪，他们不知道如何表达自己的情绪，因为那样太丢脸、太脆弱了，所以他们无法调节自己的情绪。自恋者不会说"嘿，我要用炫耀来掩盖我的不安全感"，也不会搓着手想"我怎么会伤害你呢？"**他们的攻击是不经大脑的**，这就是为什么即使是温和的批评或小矛盾也会激发他对自身的脆弱或不完美暴露无遗的羞耻感。伤自尊会让他们发火并推卸责任，借此他们可以缓解紧张，维持高大的形象，而且感到安全。缺乏同理心和容易冲动意味着他们无法管住自己，无法停下来想一想他们的猛烈抨击会给你带来什么样的伤害。他们只会空洞地道歉，如果你试图让他们承担责任，他们就会灰心丧气。

需要支配

自恋者的动机是支配、地位、控制、权力，以及对与众不同的渴望。从属关系、亲密关系和亲近关系对他们没有激励作用。相应地，自恋者建立关系的动力可能是认可、地位或控制，这意味着如果你的动机是深层的情感联系或渴望亲密，那你们两个人的舞步可完全不一样。对于自恋者来说，关系的存在主要是为了满足他们的利益和快乐，他们对健康关系所要求的互相迁就或他人的需求不感兴趣。

缺乏同理心

说自恋者缺乏同理心不够准确，他们有着空洞而多变的同理心。

自恋者有"认知共情"——他们可能理解同理心是什么，以及为什么人会有某种感受，他们可能利用同理心来得到他们想要的东西。一旦他们得到了想要的东西，或者嫌麻烦，同理心就不见了。**自恋者的同理心也可以是表演性的**——为了在别人面前表现好，为了赢得别人的好感；**它也可以是交易性的**，为的是从别人那里得到他们想要的东西。这会让人十分气愤，因为这表明他们知道同理心是宝贵的，但只把它当作一种手段。

自恋者在感到安全和满足时往往更"有同理心"。例如，如果今天万事如意，他们可能会回家听你诉说今天的工作是多么糟糕，并向你保证一切都会好起来。一周后，你可能会想，上周**我向他提起这些时他给了很大的支持，让我再分享一次吧**。但这一次，他们可能没有得到同样的认可，于是你就会听到"你什么时候才能停止抱怨工作，我厌倦了听你唠叨"。

蔑视他人

自恋者需要他人，但他们又憎恨自己的这种需要。需要他人意味着别人拥有了权力，他们无法容忍自己依赖任何人。这会导致自恋者经常表现出蔑视——蔑视他人，藐视他们的感受、脆弱和需求。其他人的弱点无意间成了自恋者自身不安全感的镜子，他们不会去拥抱他人，而是蔑视任何提醒他们自身脆弱的东西。这种蔑视可以表现得很直接，但很多时候会表现为被动攻击性的挖苦和讽刺。

羞耻感的投射

投射也是自恋的一种常见模式。它是一种防御机制，即无意识地保护自我，其表现是将自己不接受的某些方面投射到另一个人身上，例如撒谎的人指责另一个人撒谎。"投射者"在心理上将自己的不良行为投射到别人身上后，就可以继续认为自己是诚实的。自恋者将自己性格和行为中可耻的部分投射到他人身上，以维持自己的高大形象，避免因羞耻而感到不适。这可能会令人困惑，因为自恋者做出了伤害人的事，却拿这个指责你（例如，你可能不知道他出轨了，而当你们一起出去喝咖啡时，自恋者却无来由地指责你和咖啡师调情）。

无比迷人

如果自恋者自以为是、暴躁易怒、善于操纵和否定他人，为什么我们没有早点发现这些行为并远离他们呢？因为**自恋者的掩饰技巧十分高明**。他们迷人、有魅力、自信、好奇，而且往往非常有条理，也很聪明。虽然你可能不认为傲慢是可取的，但人们往往认为，在傲慢和自信的背后，一个人自有让他能够这么做的优势。如果你认为某人很聪明或者很成功，你也许会愿意原谅他的许多不当行为。**自恋常常与成功混为一谈，人们不认为自恋是一种有害和不健康的模式，而是认为这是霸气和意气风发的表现。自恋者是技巧高超的善变者和变色龙。**他们有一种不可思议的能力，能够伪装自己，接近目标，接着就会恶行恶状。

自恋是连续统一体

我们大多数人都认为自恋是一种二元论：要么自恋，要么不自恋。我们可能会热衷于相信，如果自恋是非此即彼的，那么就有方法清楚地识别它，并远离具有这些特征的人。但在心理学或心理健康领域，没有什么东西如此简单。

事实上，自恋是一个连续统一体。在较温和的一端，社交媒体自恋者陷入了反复发作的、情感失调的青春期，这也许很烦人，但不一定有害。在程度较重一端，你会看到冷酷无情、剥削、残忍、报复、支配，甚至身体、性、心理或语言暴力，这就很可怕了，会令人痛苦不堪。而我们大多数人要应对的是中度自恋，这本书要重点讲的也是这个。

马库斯与梅丽莎结婚25年了，有两个孩子。梅丽莎善良、谦逊，喜欢讨好别人，时刻待命。人们认为马库斯是一个勤奋工作的人，也是社区的支柱。但在家里，他说一不二，家务事也要按照他的时间表来规划。梅丽莎的工作很忙，但是收入丰厚，而他仍然希望她放下手头的工作来满足他的需求，即使这让她压力很大。不过，他们的婚姻中也不乏美好的时光。当马库斯对自己的生活感到满足和满意时，他会提议全家去远足、露营和下馆子。就在梅丽莎因为厌倦了生活在"马库斯秀"当中而考虑找律师的时候，他建议他们去海滩度假，修复关系。她责怪自己误判了形势，没有意识到自己是多么幸运——直到他们回到家，一切如旧。

中度自恋不像低级自恋者那般幼稚、像个棉花糖泡泡，也没有恶性、暴力或更严重自恋者的恐怖高压。中度自恋者会给你足够多的好日子让你身陷其中，也会给你足够多的坏日子让你受伤，并且让你完全摸不着头脑。自恋者有认知同理心，所以他们有时似乎"明白"，但他们会将这种同理心用来交换他们想要的东西。他们自认为有特权、寻求认可，有一种傲慢但不具威胁性的自大。他们虚伪，认为自己适用于一套规则，而其他人则适用于另一套。他们常常在事情不如意时觉得自己是受害者。他们不会为自己的行为负责，会把任何让自己难堪的事情归咎于别人。

中度自恋者有足够的洞察力，知道自己的行为不对，但没有足够的自律、正念或同理心来阻止自己。因为他们完全清楚自己的行为不合适，所以他们会背着人做，让你孤立无援。因此，他们往往在家里是魔鬼，在外面则是天使。他们可能会在会议上当着同事们的面称赞你，然后在他们的办公室里关上门羞辱你。这种两面派的变脸行为是中度自恋者的标志。人们会在公共场合看到一个相对平静而迷人的人，与你在私下见到的完全不同。

自恋的 6 种类型

自恋的类型有好几种，它们的核心特征是一样的，但表现方式和对我们的影响各不相同。由于关于自恋的大部分研究都集中在浮夸型自恋者身上（下文会详细介绍），因此如果你遇到的自恋者其行为与通常所认为的不完全一致，你可能会不知所措。通常会有一种类型占主导地位，但也可能是几种类型的混合。每一种类型的严重程度都是个连续统一体——例如，轻度的利他型自恋者也许是一个好说教的运动和健康狂人，她宣扬正能量，但对朋友和家人非常挑剔，而重度利他型自恋者可能是个邪教领袖。

浮夸型

到 30 岁的时候我就会成为亿万富翁，全世界都会视我为天才。

我会创造超出你想象的传奇故事。没有什么能阻止我。我不能被那些没有梦想的人的琐碎生活干扰——他们只会让我失望，人们应该时时刻刻地鼓励我。

浮夸型自恋是这种人格类型的初始设置。我们把这些魅力四射、迷人、寻求关注、傲慢、"光鲜亮丽"的自恋者与成功、感召力和名人联系在一起。事情进展顺利时，他们看起来春风得意；一旦他们的意图受挫，完美的表象出现了裂痕，他们就会生气并责怪你。他们生活在幻想当中，在现实中生活和奋斗会让他们精疲力尽。浮夸是此类自恋者用来对抗内心深处的匮乏和不安全感的盔甲。他们相信他们的夸夸其谈尽管近乎妄想，但仍令人信服，这容易让人身陷其中。和他们在一起，有起有落，有好日子也有坏日子，这些都让你兴奋、疲惫和满心困惑。

脆弱型

我和所有创业者一样聪明，但我缺少让我出人头地的人脉或一个有钱的父亲。我不会在大学里浪费时间，也不会为无能之人做无聊的工作；我宁愿什么都不做，也不愿给常春藤盟校的混蛋干活。都怪我的父母没有给我更多的钱和更好的安排，因为我绝对是这一行里最优秀的那个。

脆弱型自恋者认为自己是受害者，他们焦虑、不擅社交、闷闷不乐、易怒、多愁善感并心怀怨恨。这种类型通常被称为"**隐性**"**自恋者**。隐性与显性之间的区别在于他们的行为是否被看到，如显性的咆哮或操纵与隐性的思想感受。有些人提及自恋者装好人以打动别人的能力时也使用"**隐性自恋者**"一词——本质上，他们是在将自己的自恋隐藏起来（但在没有观众时行为恶劣）。对于一个脆弱的自恋者来说，他的浮夸不是表现为迷人而自命不凡、喋喋不休地谈论下一个大行动，而是表现为夸大受害（"我从来没有得到公平的机会，因为这个世界太愚蠢了，看不到我的天赋"）和权利受到侵害（"当其他人有信托基金时，为什么我要工作？"）。这一类型的自恋者会将你的成功归因于运气好，而将自己的失败归因于生活的不公。他们长期心怀不满。**脆弱型自恋者可能会表现为对抗和好辩，要求他们做任何事情就像强迫青少年叠衣服一样。他们对遗弃和拒绝十分敏感并纠结于此，他们无休止的、出于受害心理的愤怒会让你精疲力竭。**脆弱型自恋者在社交场合中很笨拙，当你和其他人相处融洽、乐在其中时，他们批评、贬低和嘲笑你，以此来弥补这种焦虑和焦虑所引起的不安全感。由于脆弱型自恋者没有迷人的表象，大多数人（包括治疗师）都会认为他们正在与自尊、焦虑、抑郁或倒霉抗争。但即使解决了这些问题，受害者的感觉仍然挥之不去。

利他型

我正在拯救世界。我是一个人道主义者，知道什么是真实的人和真正的问题。而且坦率地说，我厌倦了人们抱怨他们的生活，外面有这么多的艰难困苦，他们也可以拯救世界。我要人们看到我做的所有好事，我知道那些没有注意到的人只是在嫉妒我，他们在自己可怜的生活中没有为任何人做过任何好事。

通常，自恋者通过关注自己（我很富有／很迷人／是个很棒的人／很聪明）来获得认可和满足其他自恋需求。但是，利他型自恋者以利他的方式满足了同样的自恋需求，基于他们为他人所做的事构建建立一个了夸张的人设（我很慷慨，我总是把别人放在第一位）。他们参与活动看似慷慨大方，比如筹款、做志愿者、组织筹款晚会、参加人道主义旅行，或者哪怕是在社交媒体上宣扬正能量或帮助邻居，但这些行为的目的是让他们维持一种自以为是圣人的夸张感觉，并因此获得认可[2]。从清洁海滩（做完后肯定要发朋友圈）这样的小事，到创建大型非营利基金（对员工却态度恶劣）等大事，他们的"善举"范围很广。无论是哪种情况，他们都要确保这个世界知道他们做了多少善举，并沉醉于他们获得的赞扬和认可；如果没有得到赞扬和认可，他们就会愤愤不平。

利他型自恋者还充斥在"精神"和邪教领域，比如宗教、新时代[a]或瑜伽团体，在那里他们张口闭口都是自我完善和正能量，却用虐待和羞辱来操控任何持反对意见或抵制利他型神选领袖的人。成长于利他型自恋父母的家庭意味着别人说你的父母是社区的支柱，而你在私下却要忍受他们的冷漠和怒火。

自以为是型

世上的方法有对有错，我讨厌那些不明白这一点的人。我努力工作，储蓄，遵循传统，我没有时间或耐心给那些不能以负责任的方式生活的人。当我听到有人说他们陷入了困境，我知道这是因为他们做出了错误的选择。我没有责任帮助他们脱困。如果你不能按照我的方式去做，那就不要拿你的问题浪费我的时间。你自己想办法吧。

自以为是型自恋者是极端道德主义者，喜欢评判他人，冷淡而忠诚，极其固执，他们的世界观和信念体系几乎是非黑即白的。他

---

a　编者注：新时代（New Age）是一个涵盖广泛的精神和哲学运动，起源于20世纪70年代的西方世界。它融合了东西方的宗教信仰、神秘主义、灵性实践和哲学思想。

们的自大与他们近乎妄想的信念有关——他们认为自己比所有人都懂，他们真的相信自己的观点、工作和生活方式比其他人优越。**他们高高在上，俯视众生。**从选择食物到生活习惯、择偶和就业，他们嘲笑一切。**他们希望别人像机器人一样遵从他们的信念，**认为人类的情感和弱点、错误和快乐毫无价值。

自以为是型自恋者希望你按照他们的方式行事，不能容忍丝毫偏差。他们的生活是精心策划的：早起，严格执行梳洗流程，每天吃同样的饭菜，遵循精确的时间表，把东西摆放得井井有条（并且希望身边每个人都如此）。他们几乎没有时间留给娱乐、欢笑、胡闹或其他人。他们可能有职业道德洁癖，嘲笑任何把时间花在"错误"的休闲活动上或者他们认为工作不够努力的人。他们也许对自己的休闲活动很执着——必须是在正确的地方打一场正确的高尔夫球，或者在正确的课程上练习动感单车。

忽视型

如果我需要你，你会知道的。如果我不需要，我就是在忙我自己的事，千万别来打扰我。

忽视型自恋者冷漠之极。他们缺乏同理心，完全无视他人，他们的自大表现在他们认为自己无需处理人际关系。他们会在职场等公共场所寻求认可，但几乎从不在亲密关系中寻求。他们几乎不会回应你的话，对你也没什么兴趣。和他们处在同一个屋檐下，你会觉得自己在家里就像个不存在的幽灵。他们不会和你争论或以任何方式与你交流，因为和你吵架就会跟你说话。

恶毒型

我之所以总能掌控局面，是因为人们害怕我，而我对此很拿手。如果有人惹到我，我会让他和他周围的人后悔一辈子。如果有人挡了我的路，或者不给我我想要的东西，我一定能够自己搞定。

恶毒型自恋体现为黑暗四分体，是自恋、精神病、马基雅维利主义（意图利用和剥削他人）和虐待狂的结合[3]。恶毒型自恋者与精神病患者的唯一区别在于，恶毒型自恋者仍然有恼人的不安全感和匮乏感，他们借支配他人来进行补偿，而精神病患者并没有我们在自恋中观察到的这种焦虑。恶毒型自恋者感到威胁或受挫时，他们的报复性怒火会节节攀升，不可收拾，而精神病患者即使在生气时也能保持冷静和镇定。

恶毒型自恋者从报复中获得了一种近乎虐待狂的快感。他们肆无忌惮地公开诽谤和中伤他人或损害他人名誉。他们非常善于操纵和交易，并根据每个人的有用程度来进行评判——这一切都是为了权力、利益、乐趣或认可。简而言之，恶毒型自恋者是一个恶棍：卑鄙、险恶、无情、个性强悍。**这是最危险的自恋形式，是人格列车驶入精神病站前的最后一站。**他们故意无视你的需求和安全，利用和操纵几乎所有人。**他们的攻击性表现为暴力、乱发脾气、侮辱，以及人际交往中的残忍无情。**他们多疑且偏执感非常强烈，觉得"总是有人想害朕"，这也助长了他们的攻击倾向。逃离他们的掌控是你唯一正确的选择。

正常自恋与自恋型人格的区别

用"自恋者"（narcissist）一词形容他人会引发强烈的反应。人们用这个词来形容混蛋、政客、名人、老板、上司、有害的家庭成员和前任——这比说一个人是个混蛋要复杂得多。许多治疗师、媒体专家、法官、律师和其他人认为这个词太诊断性、太标签化、太失败主义，或者至少有点刻薄，尤其是在不区分特征和行为的情况下。我理解人们对标签的恐惧：它将一个人的复杂性简化为一个词。我们经常使用性格术语来形容人——**内向、谦逊、神经质**，但自恋这个词激起了更强烈的反应。

然而，过度使用自恋这个词也是危险的，不仅因为可能会错误地给某人贴上标签，还因为会让它失去说明作用。太多人用它来形容那些自吹自擂、爱出风头、肤浅、出轨但实际上并不自恋的人。这会带来多重风险：首先，人们可能会低估正和自恋者在一起的人的困境，这意味着他们得不到所需的支持或同情；其次，你无法准确理解自恋的真正含义，从而错失保护自己的机会，更有可能将自恋者的行为归咎于你自己；第三，它简化了自恋者在世界中复杂多变的经历，这可能会导致更多的误解。因此，正确、保守并审慎地使用这个词十分重要；同样重要的是，我们要用正确的名称来命名这些特征、模式和行为。

用正确的名字命名某个事物意味着我们知道如何与它打交道，抱有现实的期望，并在进入某个情形时睁大眼睛。如果某人通常富有同情心和同理心，但在丢了工作那天比平时暴躁了一点儿，不过他最后道歉了、肯负责，并恢复了尊重他人、善良的本性，那么他就不是自恋，他只是今天过得很糟。**如果一个人通常看起来很有魅力，但缺乏同情心、自以为是、不尊重人，而且心情不好时很恶劣、不道歉，还责怪你，那么这更有可能是自恋**。自恋包含了一系列特征，这些特征会转化为一系列有害的人际行为，不是心情不好这么简单。明白这些至关重要，这可确保我们不会浪费一生的时间试图修复这些关系或陷于困境。

还有一种普遍却有误导性的观点认为，自恋是一种诊断或疾病。许多线上机构和治疗师认为，没有经过适当的培训和评估，就无法进行"诊断"（确实如此）。他们无意中羞辱了真正的自恋对抗关系的亲历者，他们认为，如果一个人有"病"，那么将他们的行为描述为虐待是错误的，因为他们无法控制——尽管我们知道自恋者很善于展示出各种面孔。这种观点让一些亲历者相信，或许他们没有权利认为关系中的行为模式是有害的或虐待性的，或许有问题的是他们自己。

然而，这在很多方面都很成问题。首先，自恋是一种性格类型，不是疾病。不错，是有一种诊断叫作**自恋型人格障碍**（NPD，narcissistic personality disorder），我们在自恋者身上观察到的所有模式都可以用来描述它。但是要得出这一诊断，训练有素的临床医生必须观察到这些模式是普遍、稳定和一致的，而且这些模式必须导致社交和职业功能严重受损，或者给患者带来痛苦。我们不能根据其他人的体验来诊断一个人，即使他们正在受苦。NPD 是一种矛盾的疾病，它对与自恋者交往的人的伤害可能要大于对自恋者本人的伤害。自恋型人格障碍的人通常不会接受评估治疗，而且最终确诊 NPD 可能需要几周或几个月的时间。如果自恋者真的来接受治疗，这可能是因为他们自己正处于负面情绪状态（例如焦虑和抑郁），或者有滥用药物等其他并发问题，或者是为了面子，或者因为他们的生活发生了恼人的转变（结束了一段关系），但不一定是出于他们因伤害他人而感到内疚（实际上，大多数自恋者更可能认为有问题的是其他人而不是他们）。

我个人认为应该完全取消这种诊断，因为几乎没有实质性的证据证明治疗是可行的，而且临床医生在做出这一诊断时也靠不住。本书不讨论与这种诊断相关的细枝末节，但"自恋型人格障碍"这个术语把"自恋"这滩水搅浑了。我们都有自己的人格；有些人就是比其他人更容易相处。

就本书的目的而言，我们并不关心某人是否"确诊"。"自恋"这一描述符号反映的是一种人格类型，而不是临床诊断。太多亲历者想着"好吧，我的父母／伴侣／朋友／同事／老板／孩子没有被诊断出任何疾病，所以也许我只是反应过度，有问题的只是我"，然后认为自己的体验无关紧要。你们当中的一些人也许正在从与一个确实患有 NPD 的人的关系中康复，你们当中的一些人也许正在从与一个自恋到有问题的人的关系中康复，你们当中的一些人也许正在从与一个可能确诊 NPD 但从未看过临床医生的人的关系中康复，但这些关系对你们的影响是一样的。

我们对自恋的误解

当我们试图简化自恋或将其概括为一种特征时，我们会错过一些重要的东西。自恋模式和行为——如妄想性自大或借"直言不讳"

之名恶语相向——在全世界越来越常态化，因此越来越多的人受到伤害，这让澄清事实变得更加重要。下面我们将探讨和揭穿一些最常见的误解，以帮助你免于陷入自恋陷阱。

自恋者通常都是男性

不完全是，你们当中有太多的人有一位自恋的母亲，所以你们应该知道这不是真的。研究确实表明，浮夸型自恋在男性中更为常见。浮夸的大男子主义者的样板会助长这种误解，但这是一个误导性的刻板印象，导致我们认不出有毒模式或者将信将疑。

只不过是吹嘘和自大

当自大的人和你谈话时，他们不会看你，因为他们认为你不值得他们浪费时间；或者除非他们认为值得与你交谈，否则他们对任何人都不感兴趣。所有自恋的人都是自大的，但他们并不满足于仅仅相信自己比其他人都好——他们通常还要通过轻蔑地回绝、批评或傲视让别人感到"不如他"，并用操纵或煤气灯手段来迷惑人。自大是绊倒一个人，自恋是在别人跌倒时嘲笑他们。自大的人可能只是享有特权或有某种资格，而自恋的人有更复杂的阴暗面，包括不安全感和脆弱感。自大令人不适，而自恋是不健康的。

他们无法控制自己的行为

你有没有和你亲近的自恋者一起参加过聚会？在别人面前，他们迷人而充满魅力，当有人开玩笑地嘲讽他们时，你惊讶于他们竟然没有反应。你可能会想，"哦，也许我错了，每个人都很喜欢他们，他们能管住自己。"而当你在聚会结束后上车时，他们对你大加斥责，把怒火发泄在你身上。你意识到，事实上，他们被那些话伤到了，但他们能够选择不做出反应，以免在别人面前失态，正如他们同样选择在没有人看到时对你发火一样。

自恋者可以控制自己的行为。他们可能会在亲近的人（如家庭成员）面前失控，但通常不会在"地位高"的人或他们希望得到认可的新人面前失控。一位女士曾经告诉我，她自恋的姐姐有时会在她开车时打来电话，用甜美的声音问她是不是一个人，因为她知道她正在用免提。如果她回答是，姐姐就会毫无顾忌地大发脾气。这是一种选择。她不想让别人听到她发脾气，所以她知道发脾气不是什么好形象。与那些性格更为失调，会在朋友、客户和陌生人面前对你大喊大叫的人不同，自恋者往往更有策略，更有条理。**自恋者知道什么是好形象，什么是坏形象，知道如何选择他们的听众来维持人设，同时在私下里把最亲近的人当作出气筒和安抚奶嘴。**

自恋者可以痛改前非

花点时间反思一下自己的性格。你内向吗？如果是，你会不会突然变得每周有 4 个晚上想出去玩，长时间和众人待在一起？你是一个随和的人吗？随和是一种性格，特点是有同理心、利他、谦逊、信任和愿意遵守规则，恰好会带来更健康的心理和更有效的情绪调节[4]。假设你是一个随和的人（桑德拉·布朗 Sandra Brown 的研究表明，如果你是，那么自恋者更有可能把你当作目标）——你想改变这一点吗？你觉得你**能**改变吗？你认为明天你会变得自以为是、善于操纵、寻求关注和以自我为中心吗？不太可能，你甚至可能会问"我为什么要这么做？这感觉不好，而且会伤害到身边的人"。

改变性格并不容易。性格通常被认为是稳定的，相当难以改变。一些研究者认为，创伤等重大经历可能会导致性格改变，如头部受伤或中风等[5]。然而，哪怕是轻微地改变性格，也必须要有改变的决心，并相信改变会带来理想的结果。即便如此，人在紧张时就会显出本性。自恋被称为一种"适应不良"的性格类型，因为它常常使人与他人产生矛盾。然而，**性格越适应不良，就越抗拒改变**。这种性格的人几乎没有改变的意图，**尤其是许多自恋者的财务和事业都蒸蒸日上**，而且他们缺乏自我觉察或自我反省能力，所以他们不会注意到别人的体验和他们在其中的"功劳"。相反，当出现问题时，他们会责怪他人，并坚定地认为自己没错。如果自恋者不觉得有改变的必要——事实上，他们可能认为改变会伤害他们或剥夺他们的"优势"——那么他们就不愿意或无法变得随和或能够自我觉察，这比你从随和变得不随和更困难。性格改变或许是可能的，但这种改变需要改变者的强烈认同。例如，一个人真的想变得更加认真，因为他认为这会让他成为更好的学生，他可能愿意努力做出改变，但仍然非常困难。

每个人都喜欢救赎的故事。他们天真地认为，既然神话里所有人都可以改变，而如果所有人都能改变，那么自恋者也能。如果足够爱他们、足以抚慰他们的不安全感，或者找出与他们交流的最佳方式，或者如果自己足够好，那么，和自恋者的关系就会好起来。但现实是，这种情况几乎不可能发生，**任何提到某个自恋者从暴君改头换面变成知心爱人的人都是在讲神话故事**。能够显著证明临床自恋行为长期改变的研究寥寥无几，所以不要搞那么复杂，知道你身边的自恋者基本不可能成为例外就好。

与自恋重叠的心理健康问题

如果你身边有中度自恋的人，你可能很难将自恋类型与其他心理健康问题区分开来。这是因为自恋可能会放大或看起来和其他心理健康模式相似。糟糕的是，自恋使得这些问题的治疗变得更加复杂。

最常见到的是自恋与以下症状重叠并相关：注意力缺陷多动障碍（ADHD）[6]，成瘾[7]，焦虑，抑郁[8]，躁郁症[9]，冲动控制障碍[10]和创伤后应激障碍（PTSD）。这些重叠可能在某些自恋亚型中更为明显，例如，社交焦虑在脆弱型自恋中相当普遍[11]。我们在自恋中观察到的夸大和多变、易怒和反应性情绪有时会导致将自恋者的模式当作双相情感障碍或轻躁狂（一种较低水平的躁狂，患者可以工作和正常活动）。双相情感障碍与自恋完全不同。然而，一个人患有双相情感障碍且自恋的情况并不罕见[12]，这种组合可能会导致狂躁期过后很长一段时间内仍存在浮夸行为。易怒情绪通常是抑郁症的一个表现特征[13]，而许多自恋者也易怒。虽然我们知道自恋和抑郁症有关，但脆弱型自恋中的抑郁症状如此明显，以至于治疗师会忽略自恋模式。这种情况并不少见，所以即使抑郁症有所改善，自恋模式也意味着长期的受害心理、易怒和冷漠。

自恋的人常常会同时伴有注意力缺陷多动障碍（ADHD），或者显示出有注意力方面的问题[14]。这比较棘手，因为 ADHD 可以被用作自恋者意气用事或在你说话时走神的借口（但当谈话涉及他们或对他们重要的事情时他们能够集中注意力）——并且 ADHD 本身与操纵、权利或缺乏同理心无关。

自恋会使治疗药物滥用变得复杂，并增加复发的可能性，而自大则意味着自恋者可能认为他们不需要治疗，从而放弃治疗，或者得不到完整的治疗[15]。成瘾会把你们的关系搅乱，因为你可能认为一旦他们戒断，他们的不良行为就会有所改善，或者担心结束这段关系会导致成瘾复发。

形成自恋型人格的人在童年时期经历过创伤、忽视或混乱的情况并不罕见，特蕾西·阿菲菲（Tracie Afifi）及其同事等研究者认为，自恋，尤其是冲动和愤怒，与负面的童年经历有关。[16]然而，大部分有着自恋人格的人没有经历过重大创伤，大多数经历过创伤的人没有形成自恋型人格。这就是说，如果你知道你身边的自恋者有创伤史，你可能会感到内疚，甚至认为如果他们的行为是创伤后遗症，那么让他们为其行为承担责任是不公平的。

这些重叠让人十分困惑，你会发现自己在为他们的行为辩护（他们只不过是太焦虑了——但大多数焦虑的人不会虐待别人）。关键是要记住，性格是一致的，是声音背后的节拍。其他心理健康模式可能只会偶尔爆发，或者可以通过药物和干预来控制。许多自恋者滥用心理健康借口来解释他们长期否定他人的行为，不愿接受治疗以解决他们的行为问题。当你将他们的自恋模式归结为其他心理健康问题时，你可能还会发现更难设定边界或摆脱这种关系。具有讽刺意味的是，几乎总是与自恋者有关系的人接受治疗，而自恋者自己很少前来问诊。

目前，自恋问题仍然是心理健康领域中一潭浑浊的死水。也许因为这些性格让临床医生感到徒劳无功，心理健康机构可能已经放弃了理解和处理自恋问题的责任，但这不是借口。**这是心理健康领域中一个罕见的难题：为了保护其他人而去理解某类人的性格类型。**

— — — — —

那么，再来看看卡洛斯和亚当吧。现在已经很清楚了，尽管在世人眼里他可能是一个靠谱的人，但亚当具备与自恋相符的长期性、伤害性、否定性和顽固性行为模式。卡洛斯粗心和自私的行为给别人带来了痛苦，但他能够觉察和悔悟，而且还有其他长期的共情和健康行为，而自恋者是不会只做一次的……

自恋是一系列特征，它们共同构成一种人格类型，是一个从轻度到重度的连续统一体。这些特征本身并不是问题，这些特征所导致的策略和行为才是有害的。**自恋者为了主宰他人和保护自身脆弱而采取的行动是伤害的开始。**当你认为你身边的人是自恋者时，你可能会内疚，并避免将这种行为定义为是有害的，因为这些都让人感到不舒服。这种内疚和对使用自恋这一标签的不适让许多人处于煤气灯的阴影之下，如果是这样的话，那就别纠结于如何命名这种性格，而是要让自己看清楚这些行为。

大多数人要面对的不是邪恶的自恋者，而是中等自恋的人。问题在于，自恋行为在你的人际关系中是如何表现的？现在，你知道了它是什么，也了解了它的各种类型，是时候拆解这些关系和相关行为了。一旦你理解了自恋虐待的怪圈，你的感觉会变好，会停止责备自己，并开始治愈。

第二章

凌迟般的自恋型关系

想象一下，如果我们从一个共同的定义开始，
我们学习如何去爱就会变得容易得多。

——贝尔·胡克斯

乔丹对自己仍然想取悦父亲感到厌恶；他觉得自己就像一个45
岁还想和父亲一起玩棒球的男孩。他的童年是一辆过山车。美好时
光就像冬季里意料之外的好天气，他珍惜它们，希望它们不要结束，
因为他知道，下一个好日子遥遥无期。

乔丹觉得他父亲是他们所在的这个中等规模的城市里的大人物。
他父亲开着老式汽车四处转悠，在当地餐馆里为那些吹捧他的人买
单。但如果他没有如愿以偿，他就会大发脾气。单单是下馆子就令
人痛苦不堪，他的父亲会对任何没有对他毕恭毕敬的人大吼，甚至
说"你知道我是谁吗？如果我愿意，我可以让你关门。"所有家庭

活动都要按照父亲的喜好来规划。周末安排必须优先考虑他的高尔夫球局，每场比赛全家都要到场并为他加油。乔丹的父母结婚50年了，而他的母亲似乎已变成一副空壳——她看起来常常十分伤感、焦虑和紧张，乔丹几乎无法想象她也有过辉煌的事业。看到父亲对母亲如此冷漠，乔丹很痛苦。有许多个夜晚，乔丹是在母亲的哭泣声中度过的。

乔丹发现，父亲更关心他朋友们的孩子而不是他和他妹妹。因此，他学会了躲避父亲，而同时又渴望父亲的关注。他想知道**"我到底怎么了？为什么我对他来说不够好？"** 乔丹成绩优秀，是学校管弦乐队的首席小提琴手，为人善良。然而，父亲却嘲笑他的音乐才能（"你要做什么，当个职业拉小提琴的吗？"），奚落他的情绪，从未试图真正了解他。他的母亲试图取悦一个不可能被取悦的男人，这让她非常苦恼和疲惫，以至于经常忽略了乔丹的需求。乔丹甚至想要学打高尔夫球，以便与父亲有共同点，但他发现自己讨厌这项运动。有一次他和父亲一起打球时，父亲从头到尾都在羞辱他。

长大成人后，乔丹他发现自己总是在失业，总是在屈就，并且与他想"搞定"的人交往。乔丹的第一次婚姻娶了一个难搞的女人，最后以离婚而告终。从那时起，他就一直在努力寻找自己的立足点。他觉得自己无法完全摆脱家庭。他仍然觉得有必要保护他的母亲——尽管他同时也气愤于她对父亲行为的容忍——并且莫名其妙地想要赢过父亲。他责怪自己一事无成，婚姻失败，无法"了解"他的父亲。

乔丹的故事显示出自恋者对他人的影响。他父亲的性格转化为伤害家人的行为。他父亲的愤怒、特权行为、不切实际的期望（家人只是他寻求认可行为的观众）、嘲笑和蔑视——所有这些都不仅伤害了乔丹，也伤害了他的母亲。这种行为就叫作**自恋虐待**（narcissistic abuse）。

很多时候，自恋的模式和特征会转化为不良和有害的关系行为，例如否定、操纵、敌意、自大和享有特权，让自恋者在关系中获得权力和并控制对方。所有这些和其他自恋特征是相辅相成的，例如寻求认可，这意味着他们仍然拥有获得认可所需的魅力。当你正在经受这种关系给你带来的痛苦，而外界看到的可能却是自恋者迷人的一面，这让你感到困惑和矛盾。

在本章中，我们将揭示发生在这些关系中的虐待。

什么是自恋虐待？

根据研究、临床实践、理论著作以及我接触过的数千人（包括客户）在家庭、亲密关系、友谊、职场和社区中经历过的自恋行为，自恋虐待可以定义为：在与具有自恋或对抗特征的性格类型（如操纵、傲慢、敌意、特权、易变的同理心、剥削等等）的人的任何关系中观察到的有害、虚伪和否定的模式和行为，以及对安全感和信任的交替破坏。这些有害行为使自恋／对抗者能够在关系中行使控制和支配权，维持对自身夸大而失真的评价。所有这些都保护了他们的不安全感和脆弱性，抑制了他们的羞耻心，同时给关系中的另一方造成了重大的心理伤害。虐待行为与体贴和安慰期交替出现。此外，自恋者通常会维持割裂的行为方式（在公共场合表现得亲社会、合群，而在与伴侣、家人或他瞧不上的其他人的私下场合则采用对抗性方式）。换句话说，自恋者让你感到低人一等，这样他们才觉得安全。

理解自恋虐待的一种方法是想一想："自恋者需要的是什么？"
答案是控制、支配、权力、崇拜和认可。他们获得这些东西的方式
正是自恋虐待的源头。

正如自恋是一个连续统一体一样，自恋虐待也是。轻度的自恋虐
待可能让人感觉"被视为理所当然"，而且伴随着长期的失望；而在
严重的自恋虐待中，我们可能会看到暴力、剥削、跟踪和胁迫。[1]大多
数受到自恋虐待的人不仅会因成年自恋者沉迷于社交媒体、无法控
制暴力和胁迫而心烦意乱，还要应对中度的自恋虐待：一贯的否定、
贬低、控制、愤怒、背叛和煤气灯操控，中间夹杂着正常和美好的时期。
在外人看来，你们的关系似乎不错，而你却生活在混乱和不适的阴
霾之中。

让我们来看看自恋者为了满足自恋需求而使用的一些策略、手
段和行为模式。你将了解到这些循环是如何形成的，即使你意识到
这并不健康，那些根深蒂固的模式也会让你陷入困境。总而言之，
构成自恋虐待的各种模式会侵蚀你的身份认同、直觉和幸福感。

煤气灯操控

煤气灯操控是自恋虐待的核心，它通过系统性的方式让你怀疑
你的经历、记忆、感知、判断和情感。持续的煤气灯操控会让你质
疑自己对现实的把握，在本质上属于情感虐待。煤气灯操控包括否
认发生的事件、参与的活动、你当下的经历或说过的话。煤气灯操
控者会挪动家具但是事后否认。典型的煤气灯操纵语言包括：

- 那件事从来没有发生过；我从来没有那样做过 / 说过。
- 你为什么总是这么生气？

- 你太夸张了，事情并没有那么糟糕。
- 你没有权利这样想。
- 一切都是你的想象。
- 其他人要比你困难得多——别再扮演受害者了。

煤气灯操控是一个循序渐进的过程。它要求你对煤气灯操控者的专业性有一定程度的信任或信心，就像我们对待所爱的人、家人或雇主一样。煤气灯操控者利用这种信任来摧毁你，从而让他们继续手握大权。[2]煤气灯操控者在你心中种下怀疑的种子（这事从来没发生过，你没有权利这样想），然后进一步质疑你的精神状态（你的记忆肯定有问题，你确定你没有精神病吗？我想最好由我来介入并处理这件事，你肯定做不好）。煤气灯操控还纵容自恋者坚持他们的叙事和现实版本，这是他们的自我保护功能，却伤害了你。久而久之，你会将煤气灯操控作为现实接受，更难以摆脱这种关系。

对于在自恋型父母身边长大的人来说，煤气灯操控意味着否认家庭内部存在虐待，以及掩盖兄弟姐妹间的欺凌。更糟糕的是，这样长大的孩子即使在成年后问起他们童年的可怕经历时也会对此矢口否认。成长于煤气灯操控家庭不仅意味着遭受情感虐待，还意味着童年经历被虚构。

煤气灯操控不是争执，也不是撒谎。任何曾经试图向煤气灯操控者出示"证据"（例如短信或视频）的人都知道，这并不能让自恋者承认他们错了。相反，他们会将重点从证据转移到质疑你的心理健康上面，或者不断地重复他们那套扭曲的说辞。煤气灯操控者可能会对你说："我不想浪费时间和一个打算监视我、偷看我手机的人说话；你真小心眼。"他们会试图攻击你的现实以扭转局势。

他们会说"好吧，也许这就是你所认为的现实"，即使你手里的签字文件或电子邮件推翻了他们的说法。

如果你在面对他们的质问时坚持己见，煤气灯操控者就会说"好吧，如果你这么想，那你对这段关系可能不是认真的。"最终，要想让自恋型关系长久，你必须屈服于他们的现实。当自恋者暗示你希望在关系中得到认可说明你不是真的想维持这段关系时，你就会退缩，扔掉证据，屈服，好让这段关系继续。

詹妮弗·弗雷德（Jennifer Freyd）博士是一位以研究背叛著称的知名心理学家，她提供了一套能更加全面理解煤气灯操控的标准。她提出了 DARVO 模型这一概念，用来说明任何施虐者——尤其是煤气灯操控者——在其行为受到对质时的反应。DARVO 代表否认（Deny，否认行为）、攻击（Attack，攻击质问其行为的人）和受害者和加害者逆转（Reverse Victim and Offender，煤气灯操控者将自己定位为受害者：每个人都想害我；而另一个人则是施虐者，总是和我过不去并批评我）。[3] DARVO 是煤气灯操控的标志，可以帮助人们理解为什么他们不仅感到困惑和"疯了"，而且在长期忍受煤气灯操控后甚至会觉得自己是"坏人"。

你可能被"煤气灯操控"的迹象

- 觉得有必要向他们发送长篇电子邮件或短信进行解释。
- 为感受提供"证据基础"（例如，给他们看之前的短信）。
- 当面或偷偷地录音。
- 过度依赖其他人的反馈来确定你的感受。

- 开口之前要打很长的腹稿。
- 感到有必要将所有沟通内容以书面形式记录下来作为"证据"。
- 为了维系关系而屈服和顺从。

调光器（DIMMER）模式

忽视（Dismissiveness）、否定（Invalidation）、轻视（Minimization）、操纵（Manipulation）、剥削（Exploitativeness）和愤怒（Rage）

这些特定的行为模式都是你在自恋型关系中经历过的贬低行为。我用首字母缩略词 DIMMER（调光器）来概括它们，是因为自恋型关系是一个灯光开关，可以调暗你的自我意识和幸福感。

处于自恋型关系中意味着你的需求、感受、信念、经历、想法、希望，甚至你的自我意识都会被**忽视**和**否定**。这也许只是简单的自恋者不听或者轻蔑地否定你说的话（"真可笑，没人在乎你说什么"）。长此以往，这很不人道，因为你说的任何事情都被一笔勾销，或者根本没有人听；慢慢地，你就感觉自己似乎不存在。**忽视和否定是循序渐进的，一开始看起来不过是意见分歧，逐渐演变成一概不理会。**

忽视往往预示着对你和你关心的任何事情都视而不见、不屑一顾。否定是不被看见、觉察、听到或体谅。忽视是敷衍，而否定是拒绝。忽视是忽略你的担忧或需要，否定是长期羞辱和拒绝你的需求（别让我把一天时间都浪费在你的医生那里，我坐在那儿也改变不了你的病情，我受不了医院）。慢慢地，否定会偷走你的声音，并最终偷走你的自我意识。在早期阶段，你也许会皱着眉头想**"他们听到我说话了吗？"** 如果你在自恋型父母身边长大，或者有一个自恋型伴侣，你对否定一定不会陌生；父母要么看不到你，要么看到你时伴随的却是羞辱、蔑视或弃之不顾。时间一长，没人看见还感觉更安全些。

轻视是指自恋者贬低甚至干脆否认你的经历。自恋虐待通常意味着用"没什么大不了的"或"我不明白为什么这么小的事情会困扰你"这样的话最大限度地贬低你的感受。它不仅贬低你的感受和经历，还贬低你的成就。自恋者的轻视是虚伪的：当自恋者遇到了某件事，他们觉得完全有理由重视它，或者你必须赞同他们的感受，却认为你的同样经历不值一提。轻视甚至有可能让你面临危险，尤其是当自恋者轻视你的健康问题时，你迟迟得不到需要的支持或治疗。

自恋者会利用操纵手段来控制或影响你，以达到他们的目的，这个目的可能不符合你的最大利益，而是符合他们的。他们不会坦诚地说明他们想要什么或为什么需要你的帮助，而是**利用你的脆弱情绪——愧疚、义务、责任心、低自尊、困惑、焦虑或恐惧——诱使你做对他们有利的事情**。任何从自恋型父母或伴侣那里听到过类似的话的人，都知道什么是操纵："哦，我不介意你不来吃节日晚餐，反正我可能也做不了饭。我的背有毛病，每年我都会想今年是不是我最后一次做大餐了，但我知道你还有其他更重要的事情要做。"

剥削是指利用他人的过程。它要么利用你现有的弱点，要么制造弱点，例如孤立你或让你在经济上不能独立，并从中获得好处。剥削也可能是利用你为这段关系带来的金钱、人脉和其他资源。自恋者会暗示你"欠"他们的，哪怕他们是你的父母，因为他们给你提供了食物和住处。剥削意味着如果你接受了别人的恩惠，到时候就要回报，如果有一天你对自恋者的索取感到不舒服，他们会提醒你他们曾经为你做过什么。

自恋者的愤怒可能是自恋虐待中最可怕的一面。自恋者觉得自己有权发泄自己的——通常是由差耻引起的——怒火。如果你引发了他们的自卑感，他们常常会对你进行显性攻击（大喊大叫）或消极攻击（拖延、冷战和怨恨）。[4]发火让他们感到差耻，因为他们确实知道这很丢脸，于是他们会将自己的愤怒归咎于你，然后整个循环再次开始。

自恋者不愿意控制自己的冲动，这导致了他们的高度反应性，尤其是当他们怒火中烧、嫉妒或无能为力时。**自恋者对拒绝非常敏感，任何带有拒绝或抛弃意味的体验都会引发他们的愤怒反应。**[5]自恋者的愤怒会表现在每个可能的交流场合：短信、语音邮件、电子邮件、私信、电话、面对面交流，甚至包括路怒等行为。**愤怒是自恋虐待最显著的行为表现，会给你带来巨大的伤害。**

支配模式

支配、孤立、报复和威胁

自恋虐待还是一种**支配行为**，它抵消了自恋人格核心中的脆弱感和不安全感。**必须控制财务决策、日程安排、穿衣打扮和叙事权都是典型的自恋行为，这种控制本身就是目的，而且可能是恶意的。**自恋者不会参加对你来说很重要的活动，这就是说你也不能去。他们会用钱来控制你，例如，给你找间附近的房子并支付房租，或者主动支付家庭成员的医疗费用，于是你只能默默地感激不尽。**控制带来孤立。**自恋虐待通常还表现为自恋者对你家人、朋友和同事的批评，自恋者和这些人在一起时的言行举止粗鲁无礼。自恋者还可能编造你亲友的谎言，让你怀疑他们的忠诚和友谊。结果，你慢慢地减少了与你所关心的人的联系，或者人们不再来找你。**你越孤立，就越容易被控制。**

报复和辩护是自恋虐待的另一个常见特征，自恋者相当顽固。**地狱的烈火都比不上被蔑视的自恋者的怒火。**他们的报复行为包括传播有害的职场八卦或窃取商业信息，甚至是辞职这样的大事，这样他们就不必支付你的赡养费，或者因为你设定了边界而将你从家庭信托计划中剔除。自恋型报复的麻烦在于，自恋者擅长躲避监控，这会限制你采取任何实质性的法律补救措施——毕竟，当个混蛋并不违法。**自恋虐待的特征是大大小小的威胁：**法律威胁、向你生活中的重要人物揭发你的威胁，或者离婚后的经济或监护权威胁，只是为了让你害怕。像"谁也别想惹我"或"法庭上见"之类的狠话，以及让你提心吊胆的行为都会巩固自恋者的支配地位。

激怒模式

争论、挑衅、推卸责任、辩护、合理化、批评、蔑视、羞辱、废话连篇

这组模式反映了自恋者经常使用的策略，他们用这些策略来实现与所有自恋行为一致的目标——控制叙事。自恋的家伙喜欢争吵、辩论、争论或任何形式的冲突。**争论为他们提供了另一种获得供给、发泄愤怒、宣泄不满和保持支配地位的方式。**正如那句格言所说的：千万不要和猪打架——你会变脏，而猪喜欢脏。当你想要从此类关系中脱身时，他们惯常的手法是挑火并引起**争执**。他们常用**挑衅**来实现这一点。他们有时会曲解你的话："我以为你说你讨厌你姐夫。"

你跳出来说显然不对，争论就开始了。不幸的是，如果你不上钩，他们就会不断加码，用对你更重要的问题来引诱你。一旦你上钩冒火，他们就会平静地退后一步，并指责你言行失调、反复无常。

自恋虐待总是伴随着**推卸责任**。一切都不是他们的责任或他们的错，因为对于自恋者来说，承担责任或接受指责意味着不得不承认他们有义务和不完美。**推卸责任让他们能够维持自大和自以为是的认知：**他们比你优秀、他们是境遇的受害者。在亲密关系中，他们出轨是你的错。自恋的父母没能实现梦想是你的错。成年的自恋子女无法保住工作是你的错。在自恋型职场关系中，每一次错过最后期限的是他们，而生意没有谈成却要怪你。争论是没有意义的，它无济于事，因为自恋者会坚持他们的说法：这是任何人的错——除了他们。

自恋者总是用辩护来推卸责任。**辩护和合理化是自恋虐待的关键要素**，与煤气灯操控、操纵和否认等模式相互交织。例如，自恋者会说："我出轨是因为自从孩子出生后，你眼里就没有我了，尽管我一直在努力维持这种生活方式。你从不欣赏我所做的一切。"慢慢地，你会开始感觉很糟糕，似乎你做错了什么，你充当了自恋者不良行为的借口。自恋者可以像律师一样雄辩，为伤害你的行为找到冷酷而合乎逻辑的理由，并赢得辩论。

自恋型虐待的其他典型特征包括**批评你所做的任何事情**。批评表现为对你、你的习惯、你的生活或你存在本身的**蔑视**，更进一步的表现便是**羞辱**。羞辱常常表现为在人前嘲讽你，然后说是在开玩笑。羞辱也可能是间接的。羞辱你、让你难堪是自恋者一种无意识的方式，他们通过将其转移到别人身上来消除自身的羞耻感。

自恋虐待令人不快的一个典型要素是**废话连篇**。废话是指一个人说一些实际上没有任何意义的话（例如，"我认为我的目标是我自己，我自己的成长和世界"），或者用一连串令人困惑的话语轰炸你，以及随意翻旧账。例如，你问自恋型伴侣为什么一直工作到这么晚，他们会反驳说："我是一个奋斗者，而你是一个拜金者。我勤奋工作好让我们活下去，这样我们才有饭吃，我会继续奋斗。我付出，你索取，我努力，我付出。我不知道你整天都在做什么。你做什么了？我们的食物是从哪里来的？我甚至不知道你的手机密码。我在工作，你在玩。他叫什么名字？也许我应该现在就去那里。"

搞不懂，对吧？

背叛模式

撒谎、不忠、虚构未来

自恋虐待之所以让人如此痛苦，是因为一个声称爱你的人却故意欺骗你、辜负你的信任。**自恋者撒谎**，这就是他们干的事。他们撒谎的技巧不像人格变态的骗子那么娴熟，但也差不多。自恋者撒谎是为了维持他们的夸张叙事、吸引注意力、树立人设，以规避自己的羞耻感。撒谎和背叛常常同时发生。**自恋型不忠**尤其令人痛苦，自恋者根本不会觉得抱歉，他们责怪你，并迅速进入"自我保护"模式，这样他们就不会在别人面前丢了面子。我们常常没有意识到背叛会带来多么严重的冲击和创伤。你信赖的人辜负了你的信任，这将击溃你的安全感，削弱你相信未来的能力。长期以来，我们一直认为背叛是恋爱关系中可能发生的不幸事件，却忽略了这种自恋型关系中的常见态势会多么伤人。

然后是**虚构未来**。你是否有过这样的经历：自恋者承诺改变，或者给你你想要的东西——结婚、搬家、生孩子、度假、还你钱、接受心理治疗等——好留住你，但这些从来不会实现，要么就是他们的承诺变来变去。虚构未来是自恋虐待的一个特别扭曲的成分。自恋者知道你想要什么，所以他们用它来拴住你、套牢你。大多数虚假承诺都绑定了将来的某一天——我们会在一年内搬家，我一卖掉房子就会还你钱，一旦我的工作时间变更，我就去做心理治疗。你只能赌（但没有胜算）。你不能指望会在此时此刻或一周内结婚，或者几天后就搬家，或者治疗会在一夜之间改变一切。所以你一直等啊等。如果你在那一天到来之前提起相关的承诺，自恋者会指责你咄咄逼人。如果你在他们第一次提议时说"我不信"，他们则说："除非你给我一个机会，否则你怎么知道？"但是当一年或任何答应的时段过去后，承诺决不会兑现，而你也找不回这一年了。

匮乏模式

匮乏，面包屑

自恋性格类型的人，他们的亲密行为是交易性的——自恋者只有在有明确回报（自恋供给）时才会付出时间或关心。这意味着自恋虐待伴随着**匮乏**——亲密、时间、关心、关注和爱的匮乏。在这种关系里，你就像不停地将水桶扔进一口空井，偶尔你会打出一些水，但基本上都是一场空。其他时候，你就像靠面包屑活着。**面包屑**是一种态势，在你们的关系中，自恋者付出的越来越少，而你则学会了用越来越少的东西凑合，甚至对此表示感激。这可能是一个渐进过程，也可能是一直存在的态势，你从一开始就学会了将就，这或许是在童年的各种关系中形成的匮乏感的延续。

自恋型关系周期循环

一天晚上，阿莎和朋友出去玩，遇到了戴夫。戴夫很有魅力，很迷人，酒吧关门后，他们坐在外面聊到凌晨 3 点。戴夫是个贴心的倾听者，并向她诉说自己艰辛的童年。开始约会后，他经常给她发短信，一些小事也能记住。她会在办公桌上发现他买的咖啡和早餐。他们经常一起旅行，在他们相识 4 周后，他带她到纽约给她过生日。

然而，随着时间的推移，阿莎奇怪地发现戴夫有两个不同的版本。一个细心、慷慨、迷人、雄心勃勃，另一个闷闷不乐、心怀怨恨、自以为是。戴夫经常会突然发火，接着再道歉。起初，阿莎困惑不已，但她学会了在那些难挨的日子里不去添乱。她逐渐开始自我审查，不向戴夫诉说她的担忧或压力，因为戴夫会指责她给他添麻烦或只关心自己。她为他的行为找借口，因为她希望他们的关系能够维持下去。好的时候戴夫确实不错。

有一天，戴夫升职了，需要搬家。阿莎放弃了她心爱的公寓和同事，调到了另外的办公环境。然后事情就变了。戴夫常常指责阿莎工作不够努力，没有尽到自己的责任，没有把公寓打扫干净，没有在他需要的时候出现。和戴夫相处，她越来越为自己辩护，试图变得越来越完美，只是为了避免他发火。她想知道她做错了什么，她怎样才能做得更好。

终于，阿莎厌倦了。她后悔搬家、放弃公寓、离开好友，戴夫的反复无常让生活变得极端不可预测。最后，她在某天告诉他她要搬走，她会找个新住处，一个像家一样的地方。但戴夫哭了，求阿莎留下来，说他只是压力太大，并保证他会去接受治疗来解决他邪恶的一面。他很抱歉。她不必离开；他愿意改变。

于是，阿莎留下了。起初，一切又如初见般那样美好。迷人而慷慨的戴夫回来了，他甚至还预约了心理医生。阿莎满心期望着幸福的生活。但没过多久，争吵再次出现，戴夫也不再去看心理医生了。阿莎发现自己又一次如履薄冰，陷入困境。她再次觉得唯一的出路就是分手并搬家，她甚至已经找好了一间公寓。这一次戴夫又说："我真的很抱歉，我不能失去你，我会和你一起搬回去，我知道你想回到朋友和家人身边。"她觉得如果身边有支持她的亲友，就会好过一些，于是她同意了，他们搬回了她原来的小区。这似乎是在一个安全的地方重新开始，然而矛盾很快卷土重来。

自恋型关系具有周期性。这一周期常常始于魅力、热烈、理想化，或者我们称之为**情感轰炸**（love bombing）并让我们陷入爱河的模式。随后，"理想"的假面渐渐脱落，开始表现出意料中的贬低和抛弃模式。虽然这种情况并不一定发生，但自恋者通常会试图挽回你，这不仅是因为你要分手或离开，**也是对你设定边界和疏远行为的反应**。如果你给他们"第二次机会"，这一循环注定会重演。

根据关系性质的不同，这些阶段的表现形式也不同，但所有自恋型关系中都普遍存在这种周期循环。例如，自恋型父母不会对孩子进行"情感轰炸"。然而，孩子会抓住理想化的时刻，这些时刻会与贬低和疏离期交替出现，他们会试图用"做个好孩子"让父母回心转意，从而对贬低和疏离期进行补偿。当我们认识到自恋型关系周期始于童年时，就会发现自恋型父母或看护者想要将成年孩子拉回到自私和否定的怪圈中。理想化或情感轰炸实际上是孩子内心深处对慈爱父母的渴望，而父母利用了这种渴望。当自恋型关系发生在成年，关系周期——尤其是情感轰炸——就更加明显，作为主动过程的诱惑和理想化吸引了你，将你带入一个令人困惑的循环，美好与虐待的模式和经历交替出现。

这些恶性循环很难被打破。大多数人是在童话故事和寓言中长大的：暴脾气的青蛙变王子、谈恋爱是"工作"、被"选中"的幻想以及必须为爱情而战。而对于其他人来说，这种循环变成了试图赢得我们无法赢得的父母的重演，被拒绝的感觉是那么熟悉，理想化的时刻是那么令人激动和安心。也许你对你爱的人很忠诚，不想给他们或你们的关系贴上有毒的标签，并指责他们性格有问题（所以最后你只能责怪自己）。

自恋型关系周期并不总是线性的，一个阶段接一个阶段地发生。一个人可能会在一周甚至一天内经历情感轰炸 / 理想化和贬低。你们在一起后，情感轰炸也许永远不会再来，只有无处不在的贬低。**理想化 - 贬低 - 抛弃的小周期可能会反复出现**。有些人会发现每周经历着同样的循环。这绝对不是一次性的。

情感轰炸：虚假的童话

在你选择的恋爱关系中，一开始的情感轰炸阶段猛烈而令人无法抗拒，它会吸引你并分散你的注意力，让你看不到任何危险信号。假设你新认识了一个人，你们一起度过了一段迷人的时光并交换了电话号码。第二天一早你收到一条短信："早上好，美女。"这感觉真是太好了。白天你又收到几条短信："嘿，我一直在想你，无法专心工作。除了回忆昨晚我什么也干不了。"你昏了头，无法集中精力。到了晚上那个家伙问道："嘿，你这个周末有什么安排？我很想再见到你。"你答应了他去高档餐厅吃饭。一个完美的夜晚——太刺激了。

你们继续共度美好时光；他大献殷勤，而你情不自禁。他越来越殷勤，轰炸也越来越频繁。你们的感情迅速升温；你会和这个新人一起旅行或者为了和他在一起而取消其他计划。你觉得你终于得到了你一直在等待的爱情。你甚至会发现自己在讨论共同生活、婚姻、孩子的名字。这是理想化时期。

情感轰炸是一种控制和操纵关系的洗脑。它为辩护定下了基调：**我们昨晚玩得很开心，这个人很体贴，每个人都有生气的时候，他说的话不是真心的**。情感轰炸是能产生认同感的"诱饵"。在情感轰炸阶段，你会感到被需要、被关注和被重视（这些感觉都很棒！）。甚至是孤立等有害的态势也可能被浪漫化——我们的小窝、想要不被打扰的爱情，或者形影不离。但情感轰炸最有害的部分是，**为了不失去这段恋情，你会慢慢牺牲掉自己的身份认同、偏好，甚至抱负**，而你也许几乎没有意识到自己正在这样做。

当所有这些出现时——刺激、体贴、关注和不断要求见面——你就要注意了，把目光从奖品上移开：去真正了解这个人，安全地表达你的需求、期望和想要的东西。当你目眩神迷时，你无法放慢节奏留意到这些模式或这个人自恋的微妙迹象。引诱和转变是自恋型关系的特征，情感轰炸是迷惑你的诱饵，利用了你内心深处的创伤和希望。自恋者有意表现出你想要的样子，引你上钩，然后就变了。自恋性格的肤浅性意味着让事情"看起来不错"对他们来说是很自然的事。

在情感轰炸期间也可能出现一种有害的接近－回避循环。自恋者先是密集地接触你，然后消失。要么，当你表现矜持，他们会不断地尝试联系你，而一旦你回应，他们就会静默一段阵子。这套把戏迷惑了你，你会发现自己开始琢磨每条信息，不知道如何回复才好；当他们终于有所回应，你才把心放回肚子里，或者激动不已。

当然，不是所有在恋爱初期的夸张言行都是情感轰炸——健康的关系在一开始也可能是强烈而刺激的。不同之处在于，如果你在新恋情中表达自己的需求，比如需要多一点时间或放慢节奏，自恋者会生气，并指责你不是认真的。这可能让你感到内疚、怀疑自己，并为这种不良或不适的模式找借口。相反，如果你要求正常的新伴侣慢一些，他们不会变得闷闷不乐或怨气冲天。**真正的浪漫是尊重和共情，而情感轰炸是一种策略。**

虽然夸张地跳舞到天亮是情感轰炸的经典比喻，但事情并不总是这个样子。对于脆弱型自恋者来说，情感轰炸可能是倾听他们诉说失望并想要拯救他们；对于恶毒型自恋者来说，情感轰炸可能是不断的联系、占有欲和孤立，诸如"我无法忍受别人拥有你"；对于利他型自恋者来说，情感轰炸可能是受到他们的救世计划或精神"觉醒"的启发；对于自以为是型自恋者来说，情感轰炸可能是来自极有条理、财务可靠的"成年人"的吸引力。我们每个人都被不同的东西所吸引。我们从小听到所有童话故事都以恋人们走向夕阳为结尾。太阳落下去之后就只剩自恋型关系了。

我常被问到的一个问题是："我在约会时如何识别自恋者？"答案是，这很困难。如果你在最初的几次约会里就试图发现危险信号，那么你就会在约会时保持警惕，从而错失与新人交往的机会。许多人甚至没有健康或不健康的模板。更困难、更重要的任务是培养能够将真实的自我带入到关系中的心态，关注自己在任何新关系中的感受，而不是将约会视作"游戏"，或遵守严格的规则。坚持自己的标准，允许自己以符合这些标准的方式参与。或许最难的是了解自己是谁，并允许自己展现真实的自我。这需要你理解真实的真正的含义。真实就是真诚，对自己是谁和自己的一切都感到自在。对于大多数人来说，在最好的情况下也很难做到这一点。对于那些处于自恋型关系中的人来说，他们必须回到起点，去弄清楚他们真正的自我到底是什么，这会令他们感到痛苦和棘手。

还有，许多人会说，他们新恋情中的问题直到一两年后才完全暴露出来，没有什么快速测试可以在第一个月里发现这些问题。通常需要大约一年的时间才能真正开始将问题行为视为"模式"，而此时你可能已经在这段恋情中投入了太多。要知道，即使是心理治疗师也需要几个月的时间才能确定客户的自恋人格模式，所以当你分析你的恋情并纳闷为什么"没有早点发现"时，要对自己温柔一点。

关于情感轰炸，要记住的关键一点是，无论是享受它，还是想要它，都不是愚蠢或坏事。不要因为"陷入"情感轰炸而瞧不起自己，希望被追求和享受浪漫的殷勤是人之常情。情感轰炸的危害在于，当关系变得不健康时，它会为你的辩护提供弹药。

非恋爱关系中也有情感轰炸吗？

在谈及儿童与自恋型父母的关系时，我们通常不会使用"情感轰炸"一词，但也可能存在类似的经历。对于许多孩子来说，父母只要给出一件小礼物、玩个游戏、读个故事，或者仅仅问候一下，就能再次拴住他们。这些爱的面包屑是理想化的瞬间，使得孩子认为在成年人的关系中有这些碎片就足够了。孩子们也可能有过这样的经历：干涉型的自恋父母不断地从孩子身上或通过孩子寻求供给（例如，逼着孩子在父母选择的运动上表现出色，这样他们就会得到别人的称赞）；而如果孩子做不到父母想要的，就会被疏远。这种态势可能会导致难以保持健康的人际边界，或者让你觉得要好好表现、成为持续的自恋供给源，才能留住伴侣。

某种类型的"情感轰炸"也可能出现在成人自恋系统中：家庭成员可能会讨好你，以便从你身上得到他们需要的东西；未来的雇主可能会引诱你接受对你不利的合同条款；朋友可能会为了人脉或金钱而围着你打转。

情感轰炸之门：欢迎来到 C 位

如果你正处于一段自恋型虐待关系的中期或末期，你可能会问自己，你到底是怎么被这个人吸引的、你为什么要接受这份工作、你为什么不完全和你的伴侣 / 父母 / 兄弟姐妹 / 朋友断绝关系。听着，如果一个自恋的人一开始就表现得缺乏同理心、易怒和自以为是，大多数人都不会和他们确立关系。相反，自恋的人会展示出我称之为"C 位"的东西——让任何人都显得有吸引力的特征，我们觉得这些特征很迷人，被它们迷住，难以离开（即便是离开我们的父母）。让我们来参观一下 C 位。

魅力。自恋者往往是全场最迷人、最吸引人的人。这是一个浮夸而贴心的假面，可以让他们获得认可。魅力是他们用来掩盖不安全感的心理香氛，它体现在赞美、会讲故事、专注和无可挑剔的举止中。

感召力。当魅力具有磁铁般的魔力、吸引了所有人的目光时，这就是感召力。有感召力的人可能看起来很有远见、极其迷人，或者只是个优秀的演员。

自信。自恋式的自大、特权感、扭曲的自尊和寻求认可，所有这些结合在一起，会让自恋者对自己的能力感到非常满意和自信。心理比较健康的人往往很谦虚，所以当你看到有人如此外露地展示他们所知道或拥有的东西时，你可能会错误地（也是可以理解的）认为他们有实力来支持这些。

资历。自恋者寻求地位，并凭借"资历"来获得地位，比如精英教育、专属称谓、高级工作、人脉广泛、智慧、富裕或有权势的家庭，或者只是真的很"时髦"。我们可能会误以为资历是一个人的品质，而忽视了智慧、善良、尊重、同情、同理心、谦逊和诚实才是健康的资历。

好奇心。自恋者对你的兴趣可能异乎寻常。在恋爱初期，他们会打探很多事情以便了解你，而他们真正目的是获取对他们以后有用的信息，比如你的资产、人脉、弱点和恐惧。对于那些很少感到被倾听或被关注的人来说，自恋者表面上的好奇心可能是一个诱饵。

贬低：*自恋虐待的上演*

当你全身心投入自恋型关系的那一刻，就按下了某个开关——也许是你说了"我爱你"，也许是同意同居，接受某份工作，参加家庭聚会。在情感轰炸开始后的四周到六个月，结局就初露端倪，而且一旦自恋者认为他们"得到你了",结局就注定了。你也许已经抵制了这种关系一段时间,你也许足够聪明,知道情感轰炸可能美好得令人难以置信,然后,就在你认为你已经具备了应有的审慎并适应了这段关系时,贬低就开始了。

从情感轰炸到贬低的转变也许是渐进的,但仍然会让你措手不及。自恋者会开始将你与其他人进行比较或随口提起别人,或者转述别人说的话,例如"我的朋友认为你的要求太高"。以前可能只是有点儿粉的危险信号现在变成了红色,已经确凿无疑了,但因为你正处于这种关系中,所以逃脱会更加困难。

在贬低阶段,理想化的自恋者消失了。你可能会做任何事情——改变外表,试图用你的言行打动他们,迎合他们的每一次心血来潮,放弃对你来说很重要的东西,为他家做事,或者赚更多的钱——来重新吸引和留住他们的目光。还有一种诱惑是玩"欲擒故纵",企图重新像以往那样被"追求"。一些父母自恋的亲历者回忆说,一旦他们不再像小时候那么乖巧、可爱、听话或上镜,他们与父母的关系就会转变成贬低模式。自恋型父母会对他们失去兴趣,或者把注意力转向家里的新生儿。有趣的是,对于一些客户来说,当他们长大成人并能够做父母喜欢的事情(如运动、旅行、进家族企业工作等)时,父母又对他们产生了兴趣,尽管贬低的行为永远不会完全消失。

所有这些关于危险信号和周期的讨论会让你想"为什么不在贬低开始后离开?"因为,你不知所措。你不是一个只会处理危险信号然后跑掉的机器人。你爱或崇拜这个人,希望保持这种依恋和联系。如果恋情刚刚开始,你可能想给它一个机会;如果相恋已久,你有割舍不掉的过去。诱人和有吸引力的不仅是我们身边的自恋者，还有爱、熟悉感和希望。

抛弃："这对我没有用……"

抛弃阶段就是字面意思：要么自恋者甩了你，要么你甩了他们。抛弃并不一定意味着分手，但实际上你们之间已经不再**像过去那样**。例如，自恋者抛弃但不离开你，而是和别人有染；他们会接受根本不考虑你的工作或机会，所以你要么放弃自己的生活跟他们走，要么被抛弃；或者，他们只是对你失去了兴趣，过着没有你的生活，避免亲密接触，让你感觉像个幽灵。你会发现你们渐行渐远。当你突然明白过来，或者你正在接受的心理治疗、视频和书籍让你想要退后一步时，可能就会进入抛弃阶段。你的后退也许会带来新的混乱，因为自恋者对你明显的拒绝和疏远以及对他们的诱惑无动于衷十分恼火，更会试图把你拉回来（更乱了！）。

在抛弃阶段，你可能会经历不断升级的辱骂、赤裸裸的蔑视和更严重的煤气灯操控。自恋的人喜欢寻求新鲜感，而每个人的新鲜感都会随着时间慢慢陈旧。记住，无聊的不是你；**他们厌烦和蔑视所有人，生活在一个永远无法满足他们的世界里**。他们希望生活是一个万花筒，让他们尽享认可和礼遇，悠然自得。在你的原生家庭中，抛弃可能发生在父母离婚之后，你的自恋父母遇到或娶了新人，不再对你感兴趣，或者你到了他们认为讨人厌的年龄、新的弟弟妹妹出生，或者父母因工作变动而离家。在这个阶段，自恋型父母明显不想被他们的孩子们打扰。当自恋的父母不再将孩子视为供给来源时，就可能发生抛弃。

如果你想让自恋者在抛弃阶段为自己的行为负责，他们很可能会倒打一耙。比如，在得知对方出轨后你说要分手，他们会说"我不想分手，都是你逼的"，并且拒绝承认他们的背叛行为才是分手最重要的原因。自恋者很注重自己的公众形象，不想看起来像个喜新厌旧的混蛋。他们也擅长扮演受害者的角色，希望你主动离开，这样他们就可以掉过头来说"是你抛弃了我"或"提出离婚的是你"或"你都不理我"。

在抛弃阶段，可能会出现某种程度的最后挣扎。两个人都会道歉、乞求和安抚对方。你也许会拼命维系这段恋情，因为你觉得自己已经投入了太多的时间、精力和金钱，还有那么多的伤心。你可能会做最后的努力，比如去做婚姻心理咨询。很遗憾，时光一去不复返，在这段恋情上投入更多的时间和精力并不能让你找回已经投入的成本。

回吸："嘿，我一直在想你。让我们重新开始吧。"

在贬低和抛弃之后，自恋型关系的下一阶段通常是回吸。无论与自恋者分手的原因是什么，他们最终都企图像吸尘器一样把你吸回来，即"回吸"。记住，对他们来说，关系就是控制、供给和调教。自恋者会用回吸夺回你的供给，这可能看起来很新鲜，特别是如果你是那个喊停或者离开的人。

自恋者不仅会回吸恋人，他们还会回吸成年子女、家族成员、前同事以及任何他们认为不受他们控制或者有他们想要的东西的人。如果他们感到孤独或需要陪伴，他们会把你拉回来。如果他们看到你快乐或成功，他们就想掌控它。你没有他们也能幸福意味着他们没有控制住你，而**回吸是一种试图重新获得权力的行为**。如果你上当了，整个循环就会重新开始。

回吸的兴奋感可能很诱人，而且很容易将其与爱情、命运或被选中感混淆。当自恋者企图把你拉回到恋情中时，回吸很管用，因为他们仍然拥有魅力、感召力和自信等装备。他们还可能扮成一个受害者来利用你的愧疚感（我的母亲抛弃了我，现在你也要离开我……）。他们会假惺惺地道歉（我很抱歉你有这种感觉），而这些道歉从来不会承认他们对你造成的伤害。由于回吸让你燃起了被珍惜和被渴望的希望和憧憬，因此一个自恋的人回来找你甚至比最初的情感轰炸更诱人。

在自恋型关系中，当回吸开始的时候，要做些什么改变通常就很清楚了。也许他们需要停止欺骗或贬低你，停止侮辱你的朋友和家人，或者只是给你更多的陪伴，少一些傲慢和自以为是。你之前也许尝试过，要求他们改变，多一些同情和了解，然而有一天你放弃了。接着自恋者——他们对被抛弃很敏感，讨厌失去，需要控制权和良好的形象——会向你做出你一直要求的承诺："我会改的。"也许他们会提出接受心理治疗或学习愤怒管理，或者让你每天看他们的手机。终于有人肯听你的话了，这让你感到自己非常厉害。短期内他们似乎有所改善，但就在你放下心来，准备搁置分手或搬出去的想法时，他们又慢慢地溜回到自恋模式。换句话说，**回吸就是利用虚构的未来诱使你回来。**危险信号还是那些，魅力和号召力仍然是核心，但在回吸的过程中，你会感到终于报了一箭之仇，你终于"足够好了"，值得被倾听，是自恋型关系规律的例外。然后砰的一声，你又回到了老地方——只是这一次你会觉得自己更愚蠢，当情况再次恶化时，你更有可能陷入自责的怪圈。

并非自恋型关系周期每次都会以"回吸"结束。有时自恋者找到了新的供应，他们的需求因此得到满足（然而，一旦新恋情告吹，他们会再次四处出击）。如果他们背叛了你，他们会躲开你，避免丢脸。你们的关系可能处于僵局，他们的自尊心在等着你先迈出一步。如果你通过偶尔的短信或社交媒体与自恋者保持联系，你同时就给了他们足够的供应。有些案例中的回吸发生在恋情结束几年之后，我甚至听说过十年后的回吸故事。幸运的是，那时候，大多数人都已经放下了，但如果你不知道什么是回吸，你可能会被爱情炸弹再次戏要。

记住，**被回吸并不是表明你足够好，或自恋者需要你。回吸反映的是自恋者的需求，他们希望得到认可、控制权或你为他们提供的任何便利，甚至是为了阻止你进入新生活。**如果你没有在治愈期间被回吸，那确实很幸运。没有被回吸就像突然戒断一样——刚开始十分痛苦，但对治愈来说是必不可少的。

创伤纽带：自恋型关系的漩涡

我们经常认为，处境不好、处于失恋期或缺乏安全感的人最容易陷入自恋型关系。这可不一定。当阿莎遇到戴夫时，她并不孤独、脆弱或渴望爱情；她的状态很好。她不仅是被戴夫的慷慨大方吸引，也是被他表面上的脆弱所吸引。她看到了危险信号，看到了两张面孔——戴面具的和不戴面具的——并开始根据他的情绪来改变自己，好赢得他的爱，维持恋情。

要理解为什么一些人尽管遭受虐待仍会陷入自恋型关系，不仅需要了解自恋性格，还要认识到人们对此类态势的普遍反应。我听到太多的人说，困在这些循环里的人"相互依赖"或"沉迷于"自恋型关系。不是这样的。如果你有同理心、正常的认知功能，并受到社会和文化规范的影响，那么你会陷入困境也就不足为奇了。自恋型关系就像一股漩涡，即使你试图游走，它也会把你拉回来。刺激、殷勤和起起落落是你被困在漩涡里的原因。虐待行为让你想要游出漩涡，但离开的愧疚和恐惧以及对依恋、体贴和爱的自然欲望却让你困在漩涡的拉扯中。

自恋漩涡是由创伤纽带造成的。"创伤纽带"（trauma bonding）一词经常被误解为有过类似创伤经历的人之间的纽带。**创伤纽带是指在以伤害和困惑为特征的关系中产生的神秘纽带，并反应在未来的关系中。** 在自恋型关系中，创伤纽带是一种深刻但令人迷惑的爱或依恋，阻碍你认清它。没有人会因为自恋型关系带来的虐待和不适而继续维持这种关系，将成人自恋型关系的亲历者说成是受虐狂或自讨苦吃既不准确又不公平。美好时光才是吸引你并让你想要维持下去的东西，而不快的经历令人困惑和不安。自恋者控制着这段关系的"情绪温度计"，所以如果他们过得很好或者试图赢得你的欢心，你就会有几周甚至几个月的好日子，而当他们感觉不被认可或不安全时，这段关系就会陷入否定、愤怒和操纵的深渊。久而久之，坏日子变成了好日子也许会到来的信号，所以即使是糟糕的日子也会伴随着一种期待感，让你陷得更深，更不可能清醒地把糟糕的日子看作警钟。不幸的是，这也意味着好日子总是伴随着恐惧，因为我们知道另一只鞋子掉下来只是时间问题。

创伤纽带关系有两个不同的源头：一种是在童年关系中形成的，

另外一种是成年后形成的。童年时期的自恋父母意味着反复无常、困惑和有条件的爱。处于创伤纽带关系中的孩子学会为父母的否定行为辩护和使之正常化，不会多想或承认它是"坏的"，守口如瓶，自我责备，否认自己的需要，并将父母理想化以求生存（孩子不能与父母断绝关系，无法离开父母存活）。当处于自恋虐待型亲子关系中的孩子试图设定边界或表达需要时，他们常常会感到被抛弃或有罪，父母要么对他们不闻不问，要么表现得像个受害者。于是这些孩子发现他们扮演着照顾者的角色，必须满足"受伤"父母的需求，同时压抑自己的需求。

不被认可的童年经历形成了一种关系模板，包括了为了获得爱而拼命表现、克制表达自己的需求或因此而感到内疚、相信虐待和否定是"爱的"关系的一部分，以及因无法培养健康的感情而产生恐惧和焦虑。此外，好坏日子的交替意味着这种循环不仅常态化，而且对这些循环的自责也会被带入成年关系中。创伤纽带是成年后对这些循环的接受及其常态化，而且如果这些态势不存在，你可能会觉得这段关系缺乏"化学反应"并追求有毒的、似曾相识的感觉。结果就是，**魅力、感召力和自信让我们身陷其中，而创伤纽带让我们不能自拔。**

当然，并不是每个在成年后经历创伤纽带循环的人都是在重复童年的循环。对于我们当中的许多人来说，成年后的自恋型关系是我们第一次经历这种循环。魅力和感召力攻势，加上童话故事里的暗示，以及对强烈、奇妙、狂热、"一生一次"或难以抗拒的爱情的向往，让人迷失，并对混乱的成人关系产生某种心理认同。成年后开始的创伤纽带循环往往更理性，不那么原始。你投身其中，是因为你想要工作、你爱这个人，或者这段关系对你来说很重要，它更像是一个老虎机循环（你坚持着，想着会中大奖，暂时靠间歇性的派彩维持）。因此，那些在成年后第一次经历创伤纽带的人发现，了解这些循环会对治愈的影响很大；而对于那些创伤纽带循环始于童年的人来说，更深入的创伤知情治疗工作是必不可少的。童年的循环可以造成更紧密的创伤纽带，这种纽带更原始、更难以打破，但无论它什么时候出现在你的生活中，它都是令人感到棘手的态势。

创伤纽带关系的 10 种常见模式

1. 虐待和否定行为的正当化。
2. 假装相信未来。
3. 长期的冲突、分手又和好、为同样的事情吵架。
4. 将这种关系描述为神奇的、玄学的或神秘的。
5. 害怕离开。
6. 成为自恋者的一站式供应商店。
7. 隐藏你的感受和需求。
8. 合理化与他人的关系或隐藏有害模式。
9. 因为把这段关系往坏处想而感到遗憾和内疚。
10. 害怕冲突。

自恋的危害不在于自恋本身，而在于行为。具有自恋性格的人会表现出自大和自以为是等否定和防御行为，以抵消他们的不安全感，让他们觉得强大、能够控制局面。这些行为与魅力、感召力甚至同理心等模式交替出现——后面这些模式出现在他们感到安全和被认可的时候。所有这些构成了让我们困惑的循环。你也许爱一个人、关心他/她、崇拜他/她，或想维系关系，而他们不愿意承认你的需求、你的希望、你是一个独立于他们的人，准备使用任何他们可以使用的策略来保持控制和支配地位。这些都感觉不好。自恋虐待会让你认为你有问题。对自恋虐待的反应是普遍性的：任何遭受来自伴侣、家人、朋友或同事自恋虐待的人都会体验并表现出类似的想法、感受、行为和影响。自恋虐待的亲历者想的都差不多：**也许他们是对的，也许这是我的错，也许是我的问题。**

这不是你的错。继续看下去吧，看看当我们走进自恋型关系时会经历些什么。

第三章

自恋虐待的后果

痛苦很重要：我们如何逃避它，如何屈服于它，
如何应对它，如何超越它。

——奥德丽·洛德

贾雅和瑞恩同居一年了。在相恋之初，他们一起度过了一段美好的时光。但几个月之后，几乎每个晚上她都在听他控诉他的老板。他几乎从不关心她在繁忙的诊所里当医生是否辛苦，因为"她所做的就是每天开同样的处方"。如果不顺他心意，即使是一点小事，瑞恩也会大发脾气，这种模式吓到了贾雅。他最后丢了工作，尽管他声称这是"不公平的"，却没有提起诉讼。她后来才知道他被解雇是因为他骚扰同事、冒犯客户，并且经常缺勤。

贾雅和瑞恩之间的循环是这样的：他们先是大吵一架，然后他愤然离去。她会轻松几天，接着就慌了，当他再次联系她时，她没

有要求他为自己的行为负责，而是接受了虚假的承诺并同意他回来。贾雅感到疲惫，觉得自己更像是瑞恩的母亲而不是他的伴侣。她无法停止琢磨他的众多谎言、多次背叛以及钱的事。她希望他为自己的行为承担一些责任；她希望他道歉。她发现自己在工作中更加心不在焉，总是怀疑自己的判断，而且她非常焦虑，有时还会在上班路上恐慌发作。

贾雅会在脑海里复盘他们的关系，想着如何彻底分割他们的财物，但对分手却犹疑不决。她一直在想她对瑞恩是多么痴迷，又多么害怕再次开始新的约会。而且她一直抱着希望：如果他事业有成，事情就会不一样。她睡不好觉，吃不下饭，经常生病，工作时也越来越爱争辩，这严重影响了她的工作和绩效。她觉得太过难为情而不向朋友们倾诉，发现自己无处可去。她责怪自己：**也许如果我多陪陪他，回家后不那么暴躁，他就会好的，也许我应该多做点，我太纵容自己了，也许我说话的方式不对。**有时，她甚至希望他们从未相遇，对那些她为了维持这段恋情而错过的机会念念不忘。有时她几乎无法打起精神去上班。

—————

假如每个处于自恋型关系中的人现在都拿起一张纸，列出对他们影响最大的十种有害行为，然后我们把所有这些清单放在一起，你会发现它们会非常相似。这种持续的焦虑或疲惫不是你的弱点，也不是无缘无故的，而是你一直忍受反复无常的情感虐待的结果。自恋行为会影响你的思维方式和与外界的关系；它有时与我们在有创伤经历的人身上观察到的情况重叠；它可能表现为你对自己能力的看法的转变，甚至自我对话方式的转变；它还会影响你的情绪反应、行为模式以及身体的健康和机能。你身体机能的各个方面都会受到影响。自恋虐待的压力会深刻地改变你和你的世界观。

关于自恋的讨论大多集中在了解自恋者身上，这对于作为亲历者的你来说是在帮倒忙。**识别自恋者远不如了解什么是不可接受的行为以及它对你的影响重要**。在我与亲历者合作的多年经验中，我看到大多数人一旦确认了关系中行为的有害性，就会有显著的改善，我们可以以此为出发点来抛开自责并开始治愈。

有时，一旦自恋者退出你的生活，那些让你喘不过来气的压力、冲突和紧张就会消散，但取而代之的是困惑、反思、内疚、伤感和愤怒。一个与年长的自恋男人结婚50年的传统女人可能会说，我不能离开，那是天大的罪过和耻辱。她甚至会因为在他不在时更舒心而感到内疚。这是否意味着她无法治愈？绝对不是，清晰的框架可以改变游戏规则。身边人的行为让你郁闷或生气，而你却因此而感到"内疚"。创伤纽带的影响就是这么深远——如果你因为有人对你发火和操纵你而感到焦虑，你就是一个坏人。大家都说要坚强起来或战胜它，但没有人能"战胜"。

本章将阐述自恋型关系对你的影响——从愤怒和焦虑到自责和羞愧、再到绝望和抑郁，一直到恐慌症、药物滥用以及强烈乃至创伤性的压力。明白你因长期遭受自恋行为而产生痛苦和困惑是意料之中的——而且我敢说在那种情形下，这些都是正常的——是认识到**这不是你的错**的重要一步。

自恋虐待会对我们造成什么影响？

你的体验往往会经历几个阶段，这些阶段代表了你对这些关系的反应方式的演变。一开始你会坚持自我，似乎这段关系中存在着平衡和平等；然后，当你试图在没有指导的情况下理解这种关系时，权力就慢慢开始转移。理解这一点有助于减轻自责，你会发现你健康的一面——同理心、责任感以及对依恋和爱的渴望——已被自恋型关系的毒性和操控所破坏。

第一阶段：坚持立场

将幸存者描绘成"害羞的紫罗兰"[a]是一种误解——许多人在进入这种关系时都很强大而且自信。在第一阶段，你可能还不知道自己面对的是什么，所以当你的现实经历被否定时，你会进行反击。你会制止自恋者的行为，或者就责任划分与他们进行争论。然而，不久之后，困惑出现了。你可能无法理解为什么有时你真的很喜欢和自恋者在一起，而其他时候却感到非常危险和受伤。你开始责备自己，因为他们操控你，说你有问题，而且似乎是那么回事。如果你和一个自恋的家庭成员打交道，你们会重复同样的争吵，同时感受到你小时候的困惑。你在这段关系中投入得越多，就越不愿意反击他们的行为。

第二阶段：我做错了什么？

操控和否定开始占上风，你感到更加焦虑，但最明显的是，你会

---

a 译者注："害羞的紫罗兰"意指懦弱。

觉得自己应该受到指责。在这个阶段，你可能会花更多的时间反思你们的关系怎么了，在脑海里反复回想自恋者的话，为他们的行为进行辩护。你也许会试图改变自己，好让这段关系继续，主要方式是安抚自恋者、放弃自身需要以及屈服。此时，自恋者公开和私下形象之间的差异让你感到更加孤立、困惑或愤怒。你尽到了自己的家庭责任、完成了工作或学业，并且把别人照顾得很好，而大家却可能没有注意到你正在经历什么。事实上，他们可能认为你们的关系不错，因为他们看到的是"好人"版本。一些人发现自己在这个时候就应该离开这种自恋型关系，但许多人会在这个阶段度过一生。

第三阶段：绝望

在这个阶段，你也许已经放弃了自己。你责怪自己、怀疑自己，难以做出决定，甚至发现抑郁和焦虑严重地影响了你的生活。你的工作、学业和其他人际关系可能会出现重大问题，你的健康也会受到影响。你不停地反思，到了心烦意乱的程度，而不幸的是，其他人不再支持你，或者离你而去。此时的你非常孤立，即使你对别人倾诉，你也会担心他们可能不明白你都经历了什么。你要么完全责怪自己，要么看不到出路。

此时，有些人可能会觉得认不出自己了，或者对未来的任何憧憬或希望都已破灭。在这个阶段，你可能会经历恐慌和我们在创伤后应激障碍中观察到的其他模式，包括回避、噩梦和过度警觉。并不是所有人都会走到这一地步，虽然治疗在所有阶段都很有用，但当到了这个阶段，治疗则是必不可少的。

自恋虐待的后果

想法和信念
- 反思
- 后悔
- 回味（只想那些"好事"）
- 无助
- 绝望
- 无能为力
- 困惑
- 完美主义
- 罪恶感

你对世界的感受
- 孤独
- 信任困难
- 疏离
- 羞耻

严重的应激反应
- 闪回
- 过度警觉（过分警惕，不断监视周围环境）
- 反应过度（紧张不安）
- 难以集中注意力
- 迟钝、出神、过度工作、不健康行为等解离性表现

你的自我意识和责任感
- 害怕孤独
- 自我怀疑
- 自我贬低

- 自责
- 厌恶自己

你的情绪
- 沮丧
- 悲伤
- 易怒
- 自杀的念头
- 焦虑
- 冷漠（什么事都不关心）
- 缺乏动力（什么事都不想做）
- 快感缺失（做任何过去令你愉悦的事现在都感觉不到快乐）

你在处理关系时所做的事情
- 安抚
- 保证
- 道歉
- 自我监控
- 自我否定

这种关系对你的健康的影响
- 睡眠困难
- 身体健康问题
- 自理缺陷
- 疲劳／精疲力竭
- 应对不当

什么是 3R

自恋型关系盘踞在你的脑海，让你远离生活，其表现是 3 个 R：后悔（Regret）、反思（Rumination）和回味（Recall）。这些是所有亲历者的普遍经历，你感觉被困在了这种动态里；它们在你脱离这种关系后仍会继续折磨你，让你自我怀疑和自责。

后悔（Regret）

后悔与自责相关（**为什么我没有注意到危险信号？为什么我没有更加努力？**）、与环境相关（**为什么我有这样的父母？**）或与时间（**为什么我待了这么久？为什么我没有早点看出来？**）也密不可分。常见的后悔包括：

- 进入这种关系
- 还是老样子
- 失去的机会
- 错过了快乐的童年
- 影响到自己的孩子
- 没有早点离开
- 没有更努力地"修复"关系
- 断绝关系

你对亲密关系会感到特别后悔，因为是你选择了这个人。这让你有点左右为难。你担心如果你留下来而情况没有变化，你可能会后悔；你担心你离开后自恋者变了，下一个人得到了更好的他，你可能会后悔；你担心离婚会给孩子们带来伤害，而你也担心留下来然后浪费更多的时间同样会伤害到你的孩子（因为他们看到了不健康的婚姻）；自恋者和他的行为永远不会改变，同样会让你后悔。

如果你是成长于自恋型家庭的人，你可能很难不去后悔。你后悔错过了关键的成长期社交和情感需求；你后悔错过了展翅高飞的机会，因为你觉得自己不够好；你后悔从未得到追求梦想所需的鼓励，或者没有一个安全的、无条件的地方可以求助，即使成年后也是如此；你后悔从未见识过健康的关系是什么样的。在职场上，你的后悔也许是：自恋的老板或导师阻碍了你或破坏了你的职业生涯，而你却给他们卖命；多年来你全身心地付出、相信自己终会脱颖而出，而结果却是你的想法被窃取或忽视、自恋者的帮凶取代了你，你的事业和财运一蹶不振。

反思（Rumination）

自恋行为令人困惑，你常常会陷入反思的"思维循环"或周期中，试图理解这些关系。我在每月康复计划中对参与者进行了一次非正式调查，结果显示反思是他们最难解决的事。一段关系中的煤气灯操控越多，当它结束时你就越会陷入反思，尤其是当出现了严重的背叛时。而且后悔也会加重反思，因为在琢磨这些关系时，很容易陷入后悔。**反思会让你远离生活**，因为你总是沉浸在自己的思绪中，错过了生活中的很多事情。这就像受到双重惩罚：你不仅会痛苦地反思一个"无法解决"的问题，而且还错过了生活中美好的一面，比如孩子、朋友、爱好和其他有意义的活动。反思还会阻碍你投入新的恋情和体验。你会发现自己无法谈论或考虑其他任何事情，久而久之，你可能会与厌倦听到这些事情的朋友和家人断绝联系。

在自恋型关系中，反思意味着重温对话、重读电子邮件和短信、想着如果你换一种说法或做法可能会有不同的结果，并专注于你认为自己犯下的"错误"。这就像是试图打败和智取对方，你会反思你的"战术性"错误（**我回消息太快了；我应该等一下再回电话；要是我没问起过这件事就好了**），或者这段关系中的"美好时光"，希望它们能再现。在关系结束后陷入事后检讨是很常见的现象，你翻查每一件事，试图理解他们的行为。如果关系结束，自恋者已经开始了新的恋情，你的念头可能会集中在"**那个人有什么是我没有的？**"和"**他们会改变吗？**"。

你对原生家庭的反思有两种方式：首先，你可能会不断反思童年时期的否定、拒绝和忽视；其次，如果你仍然与父母或家族有联系，那么你也会反思当下的互动以及实时的煤气灯操控和否定。你希望这次会不一样，然后反思哪里出了问题。**职场反思会让你彻夜难眠，使你无法专心对待生活、朋友和家人。**老板的偏袒、煤气灯操控、三角关系或用人不公让你陷入迷茫。

反思可以导致"脑雾"。这种情况时常发生，它是你因自恋虐待而产生的混乱和长期情绪压力的副产品。需要注意的是，不要"自我欺骗"，也不要因为思维不清晰而将"问题"归咎于自己。

回味（Euphoric Recall）

最后一个 R 是回忆，更确切地说是回味，即**回忆相处期间那些愉快时光和美好事物**。即使被煤气灯操控多年，你也许仍能回想起很久以前度假时那顿美妙的晚餐。回味会使自恋虐待的治愈变得困难，因为它妨碍你以平衡的方式看待这段关系，从而导致你自我欺骗并质疑自己的真实感受（**也许他们的行为没那么糟，是我小题大做**）。回味不仅是自恋虐待影响的一部分，而且还为辩护提供了材料。

在亲密关系中，回味从一开始就在发挥作用。你真的希望这段关系能够持续，所以你只看到好的方面，忽略了危险信号和否定行为。随着自恋行为的日积月累，回味会让你很难看清这些关系、设定边界，或者摆脱它们，因为你迷失在选择性的美好记忆中。在家庭中，当你想以一种理想化的方式回忆你的家庭和童年时，这就是回味——描绘一个亲密无间的家庭，回忆童年时的露营，或者下午的烘焙时光，从而忽略了操纵和长期的否定。回味变成了某种一厢情愿，一种避免看清家庭关系所带来的悲伤和痛苦的方式。

回味代表着否认、希望、辩护和扭曲的混合。回忆美好时光并不一定是坏事，除非它让你陷入有害的模式和自责的循环中。

自责

"是我的错吗？"几乎是每个遭受自恋虐待的人的口头禅。在试图理解自恋行为造成的困惑时，你最终沦落到将受到的虐待归咎于自己。许多人可能正在经历持续一生甚至跨代的自责循环。自责是各种态势的交叉点——内化煤气灯操控、试图理解正在发生的事情，并试图获得某种控制感（**如果是我的错，我可以处理它**）。自责意味着你会受到两次伤害，一次是关系中的自恋行为，另外一次是相信你是做错了的那个人。这会让你难以看清状况并获得所需的帮助，并且让这种关系继续维持下去，因为如果这是你的错，你会不停地尝试解决。**自责会让你陷入心理自我伤害的循环当中，而且**

这种循环可能会持续数年。

为什么亲历者会将有毒关系中发生的事情归咎于自己？这是童年的遗留吗？这是一种掌控局面的方法吗？这是关系专家的套路吗？他们说双方对关系中发生的事情都负有责任，而约会之夜和感恩练习会使状况大为改善。相信自己应该受到指责，而不是相信你身边的人——父母、伴侣、配偶，甚至成年子女——会做出如此残忍的行为，是否更容易些？是我们在了解某人的背景后感到内疚，并相信这解释了他们"为什么"这么做吗？

以上所有问题的答案都是肯定的。如果你童年时遭受过自恋虐待，那么自责是一种生存策略，是一种维持理想化父母形象和满足基本依恋需求的方式。你还保留有尽在掌控的幻觉——如果我该受责备，那么我可以解决它。大批"关系专业"的专家都宣扬关系中的双方都有责任，他们声称，像"看着你的伴侣"这样的权宜之计就足以让事情好转。这些东西听得多了，你就会开始自责，反问自己是否表达得不够清楚。自责是一种自我保护；通过承担责任，你可以规避冲突和煤气灯操控。

你可能还会责怪自己有负面或不忠的想法，诸如"**我受够了自己的父亲**""**我儿子是个可怕的人**""**我讨厌我的丈夫**"或者"**我认为我妹妹是个自私鬼**"。你迟早会因为这些糟糕的念头而责怪自己（哎呀，我这么想可能很不对，也许他们感觉到了，我们的关系这么糟都怪我，难道我是个自恋的人？）。你将自恋型关系的态势内化，并改变了你与自己的对话方式（**这是我的错，或许我太敏感了，我永远都做不好**）。

詹妮弗·弗雷德（Jennifer Freyd）博士关于"**背叛无视**"（betrayal

blindness）的研究为理解自恋型关系中的自责难题做出了很大贡献，她称"背叛无视"为"人们对背叛表现出的无意识、不知道和遗忘"。[1]通常，对背叛无视的人也许看到了伴侣手机上罪证确凿的短信，却在对质时被他们摆布，之后继续过日子，而不去整合那些有问题的短信，因为充分认清并固定那些证据需要改变你对他们的看法。这一点在儿童的背叛创伤中更为明显，当孩子必须维持扭曲的父母形象并将父母理想化才能感到安全和依恋时，认清父母对他们来说是灾难性的。视而不见是为了维持关系、世界观、社会和制度体系。[2]最简单的说法就是，无视背叛使我们能够维护与我们所爱之人的感情和联系。

然而，对恼人的背叛置之不理并不是没有代价的，**无视背叛意味着这样做成了一个思维定式**。邪教专家扬贾·拉里奇（Janja Lalich）博士称这是我们内心深处的"支架"。当一段关系中发生了太多可怕的事情，我们不得不正视它时，它终会崩塌。[3]在崩塌之前，那些对背叛"视而不见"的人会责怪自己（**也许我不是个体贴的妻子；也许我是个坏孩子**），并经历焦虑、恐慌、孤立和困惑等各种负面心理模式。

自恋型关系中最大的陷阱之一是，自恋者其实相信自己是好人——他们真的这么想。这是他们妄想性自大、自以为是和道德要求的组成部分。如果他们向大家承认"嘿，我是个混蛋，我认为一切都应该绕着我转，所以你就将就吧"，事情就好办多了。之后当他们表现不好或试图操控别人时，你可能会有点烦心，但不会惊讶，也不太可能因为他们的不良行为而责怪自己。自恋型关系是非常不对等的，你和自恋者有着不同的规则和期望——你向往情感和依恋，而他们则出于控制和自私。结果，他们在情感上的投入要少得多，而得到的却多得多。

自恋者往往坚信自己善良、热情、有同情心，而且各方面都很出色，如果你觉得自己低人一等，那么你更有可能承担过错（**他们说他们很棒，而我不认为自己很棒，所以也许是我的问题？**）。当你们的关系似乎无法维持时，自恋者往往会玩花招：度个假、满足你多年的期望、向你关心的人伸出援手。唉，这只会加剧你的自责，你会觉得自己忘恩负义，没有认识到自己是多么的"幸运"。

这些关系的态势——尤其是创伤联结——使我们陷入自责。在童年时期，父母利用孩子的情感需求和各种愿望来使其内化父母的罪恶感和羞耻感（**妈妈，这是我的错，对不起**）。久而久之，孩子会放弃自己的需求，成为自恋父母事实上的保姆。从那时起，内化羞耻和责备以及为他人担责成为所有关系中的本能反应。[4] 孩子离不开父母，所以他们必须适应对抗性环境，而这种适应就体现为自责。

自责的言行

你这么说：

- 这都是我的错。

- 我怎样才能变得更好？

- 我可能表达得不够清楚。

- 我不够努力。

- 我总是说错话。

- 我要更加小心。

你这么做：

- 不停道歉。

- 安抚自恋者并如履薄冰。

- 为那些显然不是你的错的行为和事件承担责任。

- 对家务、职场或家人的方方面面准备得过于充分或承担责任。

- 创造并为人们提供多种选择（例如各种餐食）。

- 试图预判自恋者的需求，揣摩上意。

- 改变自己或环境来取悦自恋者（例如，强迫性地打扫房间）。

- 否认自己的需求或愿望。

羞愧

羞愧让我们感到受伤、崩溃，有时甚至到无可救药的程度。羞愧是公开的自责，是相信世界在评判我们——为那些我们已经自我评判的事。如果你成长于一个把"不够好"当作家训、秘密和谎言泛滥的自恋家庭，常常被孤立，那么你在很小的时候就会产生羞愧心理。这些孩子会疲于编造虚假的故事或向外人描绘他们的"正常"家庭。他们感到孤立，不好意思带朋友来家里玩，在看到同龄人或邻居家更健康的相处方式时羞愧不已。羞愧叙事认为"受伤"的责任在你自己而不是造成问题的人（们）或家庭身上。本质上，你成了自恋者羞愧感的储存器。[5]

这种羞愧感也会促使你陷入成年后的自恋型关系。关系不顺会让你感到羞愧并自责；留恋如此不正常的关系会让你感到羞愧；分手和离婚也会让你感到羞愧。羞愧态势（"我的处境不妙"）可以转化为"我一定出了什么问题"。

困惑

大多数人可能都问过自己"我怎么了？我觉得自己疯了"。当你不知道自恋行为和虐待是怎么回事时，困惑会是你的新常态。困惑很大程度上源于无法理解这些现象：一个人如此缺乏同理心、从口口声声说爱你到贬低你；你支持他们，他们却利用你；好日子和坏日子混在一起；你同情他们的过去，他们却对你发火；在责任和忠诚之间挣扎；讨厌你认为"应该"喜欢的人（如父母和家人）。当你受到自恋虐待时，他们说你应该怎样怎样，于是你完全不知你是谁、你在做什么，从而加剧了你的困惑。

在这些关系中，你必然会苦苦地否认。你会发现自己十分擅长于表现得好像周围发生的一切都是正常的，而自恋者和他们的帮凶也正希望你这样。某种程度上，这是温水煮青蛙和扭曲现实，让你搞不懂什么是正常的或健康的行为。你足够机灵，能够否认所有不好的事情，但可悲的一面是，你的愿望或你表现得好像一切都"很好"的能力意味着，即使你周围的好人也常常不知道你的境地有多糟糕。

煤气灯操控和虚构未来都会增加你的困惑。你会发现自己在仔细阅读之前的短信或电子邮件，确保自己理解得没错，但又觉

得自己也许没搞清楚。他们的谎言让你更加迷惑。还有三角测量
（triangulation）带来的困惑。三角测量是一种操纵模式，它使用间
接沟通挑起人们的对立，如在背后说人坏话，而不是坦诚相告。比如，
你自恋的母亲告诉你，你姐姐说你贪得无厌，你因此很生姐姐的气，
不请她参加聚会。而你的姐姐从来没有这样说过，她因为被你冷落
而感到伤心和不解。三角测量会加剧混乱，并造成家人、朋友和同
事之间的不信任。

绝望

慢慢意识到你爱的人，或者你认为你应该爱的人，并没有真正的
同情心、在你受伤时蛮不在乎、总是把自己放在第一位，这相当让人
沮丧。几乎所有在自恋型关系中的人都会经历绝望，这种绝望是悲伤、
无助、绝望、无力、恐惧，甚至自杀念头的混合。你没有办法改善这
种情况，让局势好转，让真相被人看到，或得到同情。不管你说什么
或做什么，事情都不会有任何变化。**不管是哪种自恋型关系，意识到
它无法改变都会带来恐惧和难以言喻的悲伤。**

如果你试图在此类关系中表达自己的愿望、抱负或需求，自恋
者将不会容忍这些尝试，久而久之，你不再觉得自己是自己生活中
有意义的参与者。自恋型关系通常不仅仅与你自己有关，还可能会
影响你的孩子、工作、友谊或与其他家庭成员的关系。你在自恋型
关系中的无力感也会扩展到你的其他关系中，你可能会因为无法保
护他人而感到绝望。你可能会经历抑郁症患者表现出的某些（或许多）
模式，如伤心、易怒、食欲变化、睡眠障碍、无价值感、心烦意乱

和无法集中注意力、以泪洗面和不合群。

如果你正在遭受自恋虐待，那么一个主要的难点就是弄清楚你是抑郁了还是这是自恋虐待的副产品。一些正在被自恋虐待的人会说，生活的某些方面很好——你与朋友一起欢笑，享受与孩子在一起的时光，工作也很顺利，你的悲伤和绝望仅限于自恋型关系——你害怕见到自恋者，但乐于见到其他人。但是，如果这些抑郁模式开始侵入你生活的其他领域，并且你觉得自己无法很好地履行工作、学习或照顾他人的责任，或者对生活不再感兴趣，那么就可能已经升级为临床抑郁症，需要尽快进行心理健康护理。如果你的绝望和抑郁已经严重到让你想到自杀——你不是第一个，你需要立即向专业机构求助。[6]

你如何体验这个世界中的自己

遭受自恋虐待可能是一种非常孤独的体验，就像生活在另一个世界中，这个世界对你们的关系、对自恋者的看法与你截然不同，直到你认识到你的情况并非个例。如果你决定结束这段关系或不再联系，这种孤独感可能会持续下去。在经历了自恋虐待后，你会觉得再也不会相信自己或他人，变得疑神疑鬼，结果可能会错过未来的友谊、合作、关系和机会。如果你在一个自恋家庭中长大，信任要么是扭曲的，要么是错位的，要么从未形成。怀疑不仅意味着你不信任这个世界，还意味着你不信任自己。长期用不信任和怀疑眼光来看待世界会耗尽你的精力。

自恋虐待导致的信任丧失也可能演变为对依赖他人的恐惧。这会产生一种"与全世界对抗"的伪自主感，令你疲惫不堪。在这种状态下，你会觉每件事都亲力亲为更加安全，这样就没有人能令你失望了。自恋虐待还会使你变得非常低效，因为你永远不知道什么时候可以依靠别人。你将非常善于容忍自恋者的变幻莫测，并想办法自己搞定所有的事情。自恋者的反复无常意味着他们可能会在心情好的时候高高兴兴地把你送到机场，然后在你下次要求搭车时却发火说你太过任性。这些关于"求助"的经历和认知会泛化，你慢慢认为向任何人求助都会招致失望或怒火。

遭受自恋虐待的人的心理健康挑战

如果你正在受到自恋虐待的影响，那么许多感觉和模式会与其他心理健康问题重叠或同时发生。记住，自恋虐待造成的后果不是一种疾病，而是对有害关系压力的预期反应。恐慌、焦虑和抑郁等心理健康问题可能与自恋虐待的后果同时出现。这些问题可能在自恋虐待之前就存在（例如，你有抑郁症病史），之后因自恋虐待而恶化，也可能是由自恋虐待引发的（例如，你在经历自恋型关系后患上焦虑症）。

如果你有创伤史，那么暴露在自恋行为中会使你的创伤症状更加明显。社交焦虑也可能伴随出现，因为在经历了如此多的煤气灯操控后，你认为自己对社交状况的解读是错误的，或者自恋者告诉你，你和其他人在一起时表现得很蠢。如果你正在经历以上任何一种模式，并发现它们正在干扰工作、照护家人、学校生活、社会关系或其他功能领域，请咨询执业的心理健康从业者进行进一步评估和治疗。

自恋虐待会让你生病吗?

问问自己,你是否注意到,你的健康状况会随着与自恋型关系的远近而变化? 这种关系给人带来压力,而压力则会影响你的健康:头痛、肌肉紧张和免疫功能下降,这些都让你更容易生病。如果你有长期的健康问题,[7] 如自身免疫性疾病、哮喘或糖尿病,压力则会加重你的病情。有人认为,被压抑的创伤会表现为身体疼痛,长期遭受自恋虐待的人所报告的慢性疼痛和其他类似的身体不适与这一观点是一致的。

进行必要的研究来证实自恋虐待与疾病有关不是一件容易的事。理想的情况是,我们对一组遭受自恋虐待的人进行常年的追踪,监测他们的健康状况,评估他们的人际关系和压力水平,并观察事态的发展。就我的观察结果而言,我见到一些原本健康的人在遭受自恋虐待后患上与他们的年龄、遗传史和身体状况不符的疾病,或者病情比预想的要复杂得多。据说,许多健康从业者都看到了有害关系对健康的负面影响。

相较于你的心理,你的身体更能诚实地记录自恋虐待造成的伤害。你的大脑和心理参与了创伤的辩护与合理化,而你的身体则感受并承担着痛苦、悲伤、创伤和损失。我见过一个人远离自恋型关系后许多健康问题开始缓解。我记得有一位女士身体有很多毛病,包括头痛、消化道问题和慢性疼痛,她的自恋型伴侣生病后突然去世。她告诉我,她身上的症状在伴侣过世后一个月内就减轻了,尽管他的去世和他留下的债务令她的财务状况岌岌可危并倍感压力。他的去世和对她心理折磨的终结令她如释重负,这让她感到内疚,甚至觉得健康状况改善也是一种罪过，因为她知道外人想看到的是一个悲伤的寡妇。总之，没那么简单。

自恋虐待对身体的影响也可能是间接的。你没有照顾好自己，你可能太累或者心不在焉，忘记了拿药或正确服药，你吃不好、睡不好、不运动，没有坚持做预防性医疗——比如忽视定期进行癌症筛查——而这样的后果可能很严重。而且，自恋者是糟糕的照顾者。你坚守着一段自恋型婚姻，希望有一天你的自恋配偶在你年老时能照顾你，但这可能不会发生。自恋者更有可能因为你的健康问题而感到麻烦——他们不喜欢体弱或其他让人想起人类的脆弱或终有一死的东西。我听过太多次自恋者把他们的配偶或家人丢在去化疗或急诊路上这种事。如果你一直抱着这样的希望，希望有一天你的有毒伴侣或家人会在你需要的时候照顾你，那么在你脆弱的就医时刻，他们的消失不仅会让你绝望，而且可能非常危险和费钱，因为你不得不手忙脚乱地找看护或者就这么凑合活着。**多管齐下，自恋型关系会让你的寿命缩短好几年。**

— — — — —

自恋虐待不仅仅伤害感情，你在面临自恋行为时会经历一系列心理反应。几乎每个身处自恋型关系中的人都是如此，所以，**这不是你的错**。你的反应既不奇怪也不夸张，这些关系当中的任何人都会受到自恋虐待的影响，哪怕是金钱和权势也不能让他们完全幸免。

现在该谈谈恢复、治愈、成长和活力了。我发现很多人从这些关系中走出来后变得更聪明、更勇敢，生活更有意义、更有目标，尽管这很难。我们无法改变过去，但我们可以向前走。无论你留下还是离开，无论你和自恋者是天天见面还是永不相见，你都可以治愈。你将不再忙于应付生活中的自恋者并自责，而是专注于自己的成长、自我了解、认清现实。现在是时候把你的精力和时间投入到充满活力的生命上了，而不仅仅是生存。

第二部分

认识、恢复
治愈和成长

我们欣赏蝴蝶的美丽，
却鲜少认可它为了变美而经历的蜕变。

——玛雅·安吉罗

对于你们当中的大多数人来说，仅仅听到"自恋虐待"这个词，你们的痛苦就第一次有了名字。这不是普通的心碎，对许多来说，这是一场从童年开始的精神崩溃，一连串的否定关系塑造了你、伤害了你、改变了你、夺走了你的现实和自我意识。一些人去看心理医生，却被告知只不过是太焦虑了；所有的关系都很难处，要改良沟通方式，这让你更加怀疑自己。还有一些人会因为与家"疏远"而感到羞耻。当你正受到自恋虐待影响时，你无从设想怎样从另一头走出去。即使你摆脱了这段关系，但一些伤——悲伤、信任丧失、永久改变的世界观之类的伤口却永远无法抚平。

治愈对你来说意味着什么？你可能认为治愈意味着平静；不再怀疑或责备自己；不反思；感觉完整；相信你的直觉；原谅自己。

你希望自恋者被追究责任，被揭露，为他们所做的事情负责：你可能会觉得，为了治愈，你需要正义。你希望看到自恋的人在你与焦虑、悲伤、遗憾和怀疑作斗争时，不会继续前进。可悲的是，我们并不总是得到正义和问责，甚至道歉。假使自恋的人不会面临任何后果，我们也会被治愈吗？

治愈不仅仅是哭出来，它还包括哀悼和清理空间，在新的空间里建立新的生活，找到自己的声音，感到有能力表达自己的需求、欲望和希望，最终感到安全。这是一个从生存和应对到成长和繁荣的过程。

治愈没有时间表。需要多长时间，取决于关系的性质，你是留下还是离开，以及你自己的生活史。治愈意味着善待自己，即使你被回吸，或给自恋者第二次机会却被骗；还意味着智慧、洞察力和远离有毒之人的意愿，即使其他人因宽恕而羞辱你。治愈就是彻底接受，并痛苦地认识到自恋模式不会改变；就是不再责怪自己，怀疑自己是否足够好；更是在多年或一生如履薄冰地取悦和迎合他人、同时压抑自己之后，开始寻找意义和目标，并学会如何正常呼吸。

如果我认为治愈是不可能的，我就不会写这本书。每天我都看到人们享受他们在自恋型关系中无法拥有的简单快乐，追求他们曾经被嘲笑的目标，与失去的人重新联系。我也看到人们终于找到了自己，体验到了与生活中自恋的人不同的身份。我看到人们再次坠入爱河，并试探性地学会了信任。

但治愈只是目的地的一部分。你的目标是与真实的自我同步发展和生活（并弄清楚真实的自我到底是谁），找回那些被自恋型关系剪掉的翅膀，最终飞翔。一旦你不再反思和后悔，保护并解放了自己内心创伤的孩子，改变了你的自我对话，停止了煤气灯操控，你就会打开真实的自我，重启你沉默的目标和愿望，让自己融入其中。

在使用本书的后续部分时，要积极主动。记日记，记录你的想法和感受，追踪你的进步。尝试这些技巧，并反思它们是否奏效。抓住一些时刻，注意它的感觉。治愈是一个积极的过程。

自恋的人是吵闹的说书人，他们往往会用他们对你的限制性叙述来感染你。最终，治愈意味着把自己带回来，修改你被告知的故事，并按照自己的方式重写它们。

第四章

了解你的过去

她现在既有内在的一面也有外在的一面，
突然间她就知道如何不把她们弄混。

——佐拉·尼尔·赫斯顿

　　莎拉搬到洛杉矶后，既激动又兴奋。她刚刚从一段糟糕的恋情中走出来，打算重新开始。她的老板给她调了岗位，这是一件幸事，因为之前的经理让莎拉和她团队的日子很不好过。她也很高兴能离家人更远一点，她可以喘口气——为他们照料一切就像是她的兼职工作。

　　莎拉刚到洛杉矶时并没有想谈恋爱，所以当她遇到乔希时，她放松了警惕。在结束上一段恋情后，她花时间学习了关于自恋和自恋型关系的所有知识。她知道自恋型关系的结构、情感轰炸等等，但由于乔希只是她的朋友，她认为这些和他都没关系。慢慢地，她发现自己很期待见到他。因为他是"朋友"，她更加敞开心扉，诉说她那总是在否定她的家庭、她经常觉得自己不够好、她总是试图为每个人解决所有问题，以及与前任相处时的各种烦恼。他专心地听着。作为回应，他也分享了更多关于他的生活，还告诉莎拉他一直在努力推动一个项目。她为他得不到家人的支持而感到难过，并深表同情。

认识几个月后，乔希告诉她，他打算搬离公寓，去朋友家睡沙发，以便把省下来的钱用于追求自己的梦想。乔希已经成为她在这个城市里的绿洲，萨拉不想失去他，所以她让他睡在她的沙发上。住在同一个屋檐下，他们的关系更亲密了，这让她很舒心，因为她觉得自己已经了解他了。能有人分享简单的快乐，比如在家吃饭，或者对动漫的共同热爱，真是太好了。她喜欢醒来时身边有人，喜欢再次拥有生活中的亲密关系。

莎拉很快发现，乔希并不总是完美的——但谁又是完美的呢？乔希不常做家务，但她不觉得有什么不对劲，因为她已经习惯了做所有的家务，而且乔希正忙着他的新事业。他有时也会"帮忙"，做一些适合他的调整（移动家具，腾出一个他工作的"角落"），虽然她对此有点排斥，但她很高兴他能让自己感觉是在家里，并希望所有这些都能帮助他在事业上取得成功。他经常会问她一些细节，比如她去了哪里，见了谁，但闭口不谈自己的行踪。莎拉想："他甚至关心我去哪了，这真好，我上一个男朋友太自私了，问都不问。"她为乔希在创业中遇到的困难感到难过，同时又为自己事业的一帆风顺感到内疚。这就是为什么她觉得，每当他滔滔不绝地讲述他的一天、他的挫折和他的工作时，她都必须体谅他。当他每次用"别说得好像你懂企业经营一样，打工很容易"来回应她的建议或者拒绝给家用时，她都没放在心上。萨拉认为，为别人解决问题是一种表达爱的方式，所以她反而试图安慰他，并把他介绍给可以帮到他的同事。

—————

如果自恋的人对我们如此不好，为什么我们还会被他们吸引？为什么我们不在第一次出现危险信号时逃跑？这是一个复杂的问题，也是我在谈起治愈时经常纠结的问题。我听过一个女人的采访，她曾经有一段自恋虐待非常严重的恋情。不知情的采访者问她："你为什么不离开？"我很反感这样的问题，因为这像是在责怪那个女人留下来。那个女人尖锐地反驳道："你为什么不问他为什么是个虐待者？"这是一个公平的反问，但即使这样也仍然没有触及治愈的核心。虐待她的男人非常自恋，曾经虐待过别人，现在还在虐待别人，而且很可能永远虐待下去。**这就是为什么治愈不能仅仅依赖于消除虐待者的行为。**

治愈不仅意味着处理我们现有的伤口，还意味着尽可能地预防未来的伤口。几乎所有人都有容易陷入和维持自恋型关系的特质或历史。要克服这些弱点并不意味着因为我们的脆弱而"责怪"自己，许多早期经历都不是弱点，反而可以帮助你理解为何你非常健康、好的一面（同理心、同情心和善良），以及你历史中的复杂成分（创伤、自恋家庭）让你更难摆脱这些循环。

当我们身体虚弱时，说"不"很容易：我扭伤了脚踝，不能走楼梯；

我有哮喘，不能进入灰尘多的房间。同样，为了从自恋虐待的影响
中恢复过来并防止未来的虐待，我们必须首先了解自己。了解你的
过去、隐患和弱点可以告诉你为何以及何时需要睁大眼睛，哪怕知
道什么是关系中可接受的行为都可以保护你。即使你家庭幸福、工
作满意、朋友众多，自恋型关系仍然可能利用你的各种信念。

　　了解你在这些关系中的经历和弱点可以帮助你在未来治愈和保
护自己。本章将从多个层面阐述这些既往经历和风险因素：作为个
体的你、你在原生家庭中的经历、你接收到的文化规训以及来自整
个社会的信息。我们还将探讨这样一个问题：也许"及早发现危险
信号"没有实际意义，因为只要一分钟就能确定新关系中发生了什么。

是什么让我们变得脆弱？

　　自恋者常常具备一些磁性特征，比如魅力、感召力、自信，这
些可以解释他们的吸引力以及我们为什么会为他们的行为做出辩护。
因此，虽然我们所有人都容易受到自恋型关系的影响，但有些特质、
情况和经历可能会放大这种易感性。你过去的经历中这些特质越多，
你就越无法抗拒自恋者的魅力，就越容易陷入某种自恋型关系。不
了解你的过去就试图治愈和转变，就像斩草不除根，只能看着它再
次冒出来占领你的花园。人们轻描淡写地说"改变你的想法"，
令我很是失望，因为他们没有意识到你是背负着一个复杂的历史生
活在一个复杂的世界。试图将这种细微和个性化的历程简单化往往
只会让你感到羞愧。对于自恋虐待，没有简单的五步疗法。

　　我曾经和一群人探讨他们的早期经历和弱点，他们不无遗憾地

问道："根据你列出的风险因素，谁没有弱点？"我们大笑不已，但这句话确实有道理。我们当中的大多数人，无论是由于我们的过去还是我们的先天特质，在某种程度上都容易受到自恋型关系的影响。在关系中应对这些弱点意味着既要了解我们的过去，也要了解自恋是什么样子，对不健康的人际关系有清醒的认识，察觉自己的辩护和本能行为，并意识到现实何时被劫持。重要的是，不要把你的弱点看作缺陷，它们是你宝贵而不可或缺的一部分。治愈意味着承认你的所有部分，同时也让自己能够辨别、自我保护和保持警觉。

同理心

有同理心的人非常了不起，我希望我们所有人都生活在一个充满同理心的世界里（但并不是这样）。但自恋者经常会利用这一美德。你的同理心让你极易陷入理想化、贬低、道歉和辩护的自恋型关系循环，并被当作自恋供应的重要来源。有同理心的人会给出第二次机会，原谅、总是试图理解对方的观点。

如果你有同理心，却不理解自恋行为，你会继续给出你的同理心，以及与同情相连的宽恕，而自恋者接受了你的同理心但不回报，从而导致不对称的同理心逆转（同理心只流出不流入）。如果你有同理心，你会用同情的眼光看待自恋者，不停地为他们开脱，直到你精疲力尽。同理心不仅让你容易进入自恋型关系，而且会长期困住你，尤其是当有害模式已经牢固确立后。例如，在本章开头，莎拉对乔希的同情使她成为他自恋需求的重要供给者，也使她容易听信他的一面之词，毫无抱怨或戒心。

充当救助者

救助者是讨好他人的人，他们解决问题，并努力让事情变得更好。你可能觉得必须每时每刻鼓励和赞美别人，或者让他们开心。你甚至会为他们提供住处、车辆、金钱或帮他们找到工作。而结果是，你以救助的名义最终让自己陷入险境，比如付出你没有的金钱或时间，甚至将自己置于法律或道德上可疑的境地。在和自恋者打交道时这么做很危险，他会任意摆布你，几乎不考虑这会对你造成什么影响。

自恋者，尤其是脆弱型自恋者，很早就表现出他们的受害者叙事和受挫的特权感（其他人都得到了特殊待遇，没有什么事对我是公平的）。这可能让你感到愧疚，迫使你为他们做"对"的事情。你甚至会去做那些你在需要时希望别人为你做的事，所以救助行为可能是在修复你自身的伤口。或者，你想要通过救助行为来获得对这段关系的掌控感，并不断巩固。但**自恋者是一个永无止境的救助任务目标**。无论你做了多少——无论你给他们多少金钱、机会、人脉或时间——都永远不够。你相信"解决掉"所有事情能够改善你们的关系，但除非你每次都能令自恋者满意，否则是没有用的。救助者的危险不只是陷入这种关系，而且还会在"只要我做得够好，就没问题了"的幻想中执迷不悟。

让我们回过头去看看莎拉，她解决问题和救助的行为不仅让她容易上钩，而且让她更注重为这段关系"做"些什么，而不是关注正在发生的事情。

莎拉的故事说明，有同理心的人和救助者之间可以有重叠。然而，有同理心的人可能并不总是觉得有必要帮忙"解决"，因为他们的同理心通常只是一种会引发愧疚和想要辩解的感觉。另一种情况是，救助者或许有同理心，但促使他们采取行动的是取悦他人的需求，以维持安全、亲密和有用的感觉。

乐观和积极

你找到了希望，把柠檬变成了柠檬水，看到了半满的杯子。你真诚地相信每个人都有潜力，任何人都可以改变。你相信公平、正义，相信一切都会好起来。你可能还相信，如果你再给别人一次机会，他们也许就会改变。如果你非常乐观和积极，可能很难认同自恋者不会改变的观点。

信念体系是我们的核心，放弃你的世界观会带来毁灭性的打击。临床上，我发现性格乐观积极的亲历者在治疗的初始阶段需要更长的时间，因为他们对"不会改变"这一观念有强烈的抵触情绪。当他们最终明白自恋者的行为真的不会改变时，那真是灾难性的沮丧时刻。（另一方面，在最初的伤痛过后，这种乐观可以用来培养心理韧性）乐观主义可能是一条双向吸引之路：乐观者被自恋者的魅力和感召力所吸引，自恋者被乐观者的积极向上和认可鼓励所吸引。乐观的人习惯性满怀希望的叙事方式也会把他们自己困住。

虽然莎拉并不是一个鲜明的乐观主义者，但她愿意为乔希的宏图大业提供助力，这反映出她对他的设想持开放态度，即使这些设想还没有开始实施的迹象。同样，你的乐观和积极也可能助长了自恋者的自大，使你成为自恋者虚构未来的主要目标。

不 是 你 的 错

永远宽恕

你会原谅每个人吗？你是否给出了很多第二次机会？你会原谅别人的原因有很多：你认为这是正确的做法，这是你的宗教或文化规训的一部分，你希望你的原谅能够换来改变，你相信每个人都应该得到第二次机会，也许这只是一个大误会，或者你害怕如果不原谅他们会有不好的事情发生。原谅本身并不是一件坏事，只是它对自恋者不管用。如果你是一个坚定的宽恕者，那你就很危险了，因为**自恋者不会认为宽恕者是在呼唤他们变好，而是将原谅视作他们的行为不会有不良后果的信号**。由于他们缺乏同情心，所以自恋者对你的关心不会阻止他们的行为。后果无关痛痒，以及他们会被原谅的假设，会让背叛和不良行为的循环持续下去。还记得莎拉总是放过乔希的行为过失吗？虽然她并没有主动原谅，但她在为这些过失辩护，而不是质疑它们。虽然原谅提高了人们包容早期危险信号的可能性，但原谅是一种很成问题的方式，因为它不仅会困住你，还会让你因为没有屈从于自恋者的要求而一直愧疚。

自恋型、对抗型或否定型的父母

在自恋型家庭中长大是一种洗脑的教养。这样的家庭会让你觉得自己不够好、灰心丧气、自我责备并自我贬低。[1]这些家庭的信条是，你需要去赢得爱，你需要成为父母自恋供给的来源才能留住他们的爱，或者你的价值在于你能为自恋的家庭成员做些什么。最终，你学会了压抑自己的需求，纵容自恋的家庭成员，习惯于被操纵和控制。随着时间的推移，自恋型家庭使自恋行为正常化，这会让你在成年后很难抗拒那些闯入你生活的自恋者。这些家规向你灌输了这样一种观念：你需要"接受"，你无权对别人的行为设定标准。这些家庭中的孩子会发现自己扮演着不同的"角色"，这些角色旨在让自恋的父母受益，并且限制和定义了孩子在家庭中的功能。稍后我们将深入探讨这些角色。

此外，还存在这样的风险：如果某人表面上提供了你的有毒家庭所缺乏的东西——稳定的经济、稳固的感情、强烈的兴趣或者关注——似乎可以抵消童年的毒性模式，会使你认不出对方正在实施的其他毒性模式，比如否定。例如，莎拉已经离开了她的家庭，并且因为乔希也来自一个否定型家庭而同情他。乔希利用了她内心的"救助者"和她的同理心，而她则用陪伴来处理内心的伤口。她很可能没有注意到他的行为有多么不健康，因为这些对她来说是如此正常，这不仅让她一开始没那么敏锐，而且还困住了她，因为这太熟悉了。

幸福家庭

幸福的家庭会让你变得脆弱，没错，尽管这看起来有些矛盾。一些人成长在幸福的家庭，父母的婚姻里充满了爱与尊重；你们的家庭关系非常紧密；每个人都有同理心和同情心；大家都互相支持；家人倾听你的梦想，关注你、爱你，在你难过时安慰你；没有人会大喊大叫、吵架或彼此伤害。那么不利的一面是什么呢？你没有学会如何走出自恋型关系的陋巷。由于你的成长环境，你很难相信人们会贬低、操纵、轻视、冷酷无情。你听到的是，任何关系障碍都可以通过沟通、宽恕和爱来解决。你相信爱终将战胜一切，因为这就是在你小时候的幸福关系中一直有效的东西。

你幸福的家庭可能相信救赎，但结果可能在不知不觉中促成了你的自恋型关系，并劝你给自恋者更多的爱而且同舟共济。我曾遇到过一对老夫妻，他们有一个正处于自恋型婚姻中的成年子女。这对老夫妻已经结婚45年了，家庭关系紧密。当他们的女儿与一个恶毒型自恋者谈恋爱时，他们并不十分理解，但他们尝试了一切方法，包括贷款、奢华假期和照顾孙辈，鼓励女儿把婚姻维持下去。当这些方法不起作用时，他们只能看着女儿日渐憔悴，婚姻最终破裂。这对夫妇相信正义，相信法院会将完全监护权判给他们的女儿，因为孩子们的爸爸是一个"卑鄙的人"。当他们意识到自恋者共同抚养的离婚阴谋时，他们崩溃了。

从好的一面看，如果你确实来自一个幸福的家庭，那么一旦你开始去了解你的自恋型关系，来自安全港湾和缓冲空间的支持和恢复力能够强化你的力量。

艰难的转变

许多人在过渡期都不在状态。我见过许多亲历者在经历分手或离婚、搬到新的城市、亲人去世后不久就进入了自恋型关系。过渡期可能是创伤性的（失去），也可能是进取性的（新工作、搬家），但无论哪种情况，过渡期都会让人不稳定。你的注意力被生活中的新鲜事物所吸引。你正在处理严重的危机或后勤问题，而且失去了以往的检验标准，比如日常活动、支持，甚至没有熟悉的地标、通勤线路和熟人带来的游刃有余的感觉。新的、陌生的事物会引发焦虑或无力感，让你感到脆弱。适应新情况的过程占用了你的带宽，让你有可能看不清向你迎面扑来的有毒模式。记得吗？莎拉刚搬到一个新的城市，刚结束了一段有毒的关系，在新办公室上班时遇到了乔希。虽然她并没有很想谈恋爱，但她很乐意在陌生的地方与熟悉的新面孔交往。处于过渡期会让你更容易走进自恋型关系，尽管这并不是你陷入困境的关键原因。

仓促的关系

很多时候，是压力推动了自恋型关系的发展。生物钟、社会压力，甚至是机不可失的紧迫感都可能意味着你没有注意到危险信号，因为它们会妨碍你得到你想要的。我面前处在自恋型关系中的客户对我说："我知道这种关系对我不好，但我没有时间从头开始，找一个新人结婚生子，为时已晚。"在这种情况下，你认识的那个魔鬼是你留住的，而长期的拉锯表明，匆匆忙忙结婚的结果就是混乱、痛苦和代价高昂的离婚。实际情况是，我们在压力下很少能做出最好的决策。

自恋型关系往往发展得过快。你太快确定关系，太快订婚，太快投入金钱，而情感轰炸则代表着各种关系里程碑——如长假或见家长——都来得太快。如果这种飞速发展与你急于实现的人生目标交织在一起，你就很容易陷入一段有毒的关系，你想着以后再处理这些问题，却没有意识到它现在就在毒害你。

环境变化在推着莎拉行动，在她面对多重转变并想留住一个新朋友时，她的乐于助人使她迅速从友谊转向了恋情，并让乔希搬进了她的公寓。

创伤、背叛或重大损失史

经历创伤或重大背叛会改变我们。它塑造了我们的内心世界，使我们更容易自责、自我怀疑、产生负面情绪、羞耻、愧疚，并导致亲密关系出现问题。[2] 背叛会造成极大的创伤，无论是不忠的配偶、贪污的商业伙伴还是偷东西的亲戚。我们信任的人或团队欺骗了我们，破坏了我们对关系的信任和安全感，这些 "背叛创伤" 会让我们在心理上非常痛苦，而且往往会产生更严重、更持久的心理影响，比其他形式的创伤或损失更有害。[3] 背叛创伤带来的自我贬低、自责和辨别力与信任的缺失，使你更容易受到自恋者和自恋式虐待的伤害。许多创伤亲历者，尤其是那些在童年时期经历过严重创伤的人，从未得到过足够的创伤知情治疗，对这些人来说，治愈可能是一个持续终生的过程。如果你有过创伤史，你可能会 "审判" 你的反应并自我欺骗（**我觉得我对这个冲我大喊大叫的人反应过度**），而不是认识到你承受着创伤和痛苦的身体和心灵会让自恋型关系周期对你造成更深的伤害。许多人都有未经处理的创伤史，缺乏对创伤如何运作的认识，这些都会给未来进入和维持虐待关系带来风险。

当你审视自己的既往经历以及它们所带来的脆弱性时，注意它们是如何相互重叠并相互影响的。你的积极性会助长你的救助行为；你的自恋型家庭和创伤史会削弱你的辨别能力。你无法改变自己的过去，但你可以利用它更好地了解何时该放慢脚步、睁大眼睛、善待自己并停止自责。

自恋型家庭系统

史密斯家的伊莎贝尔是一位自恋的家长，她把外表和地位看得比什么都重要。情感是次要的，家里的每件事和每个人都像是棋盘上的棋子或舞台上的一个角色。长子安德鲁经常要保护他的兄弟姐妹，并与父亲沟通，而父亲总是在忍受母亲对他事业发展不够好的抱怨。老二谢丽尔长得和她的母亲一模一样，是个芭蕾舞天才。伊莎贝尔的生活重心是确保谢丽尔在最好的舞蹈学校学习，并在每次圣诞节获得令人羡慕的《胡桃夹子》角色。谢丽尔是一个近乎完美的学生，伊莎贝尔经常带着她一起旅行，去全国各地观看芭蕾舞表演。

黛安比谢丽尔小两岁，性格柔顺，学习成绩不太好，体重也成问题。伊莎贝尔嫌弃黛安，总是要她节食，在心情不好时会把任何不顺心的事情都怪在黛安头上，责骂她，还说："告诉我这个周末你找到了可以一起玩的朋友，不用我管你。谢丽尔和我都没时间。"玛蒂娜只比黛安小13个月，几乎被这个家遗忘。玛蒂娜的兴趣很少受到重视，所以要么自己想办法，要么放弃。她参加了一个课外活动，甚至获得了奖学金，但她的父母常常忘了在活动结束后来接她。玛蒂娜慢慢熟悉了当地的公交线路，然后从车站步行两英里回家。

最小的孩子是托马斯，他在很小的时候就似乎很"懂事"。他什么也不说，非常乐意帮忙，四岁时就把自己的房间收拾得干干净净，并恳求哥哥姐姐们也这样做。等到了12岁，他有时还要负责让大家晚上都有饭吃，特别是母亲越来越重视谢丽尔后。尽管托马斯是个好帮手，但他身上的某种东西让伊莎贝儿感到不安。她需要他，但他的存在让她感到羞耻。托马斯会安抚在母亲的虐待中苦苦挣扎的黛安。黛安问托马斯"为什么妈妈不喜欢我",而托马斯会用一种与年龄不符的智慧说:"黛安,这不是你的错。"

维和人员兼调解员的长子安德鲁竭力充当人体盾牌和心理治疗师。

金童谢丽尔对一切浑然不觉,但渐渐地,她开始害怕告诉母亲,她无意把芭蕾舞当作事业。

替罪羊黛安养成了强迫症般的习惯,节食、减肥,在抑郁和焦虑中度日如年。

隐形孩子玛蒂娜自生自灭,在快成年时得不到任何指导,导致她作出了一些不那么好的选择。

至于乐于助人、明辨是非的托马斯,尽管丢下他想要保护的黛安离开是件很难的事,但维持这个家耗尽了他的精力,他在 18 岁生日那天搬了出去,再也没有回来过。

在健康的家庭系统中,虽然孩子们各有各的偏好、差异和脾气,但不一定会被它们定义。在自恋型家庭系统中,父母往往利用系统中的孩子来进行管理,他们将孩子视为补给或麻烦,借助孩子满足自己的需求。这意味着系统中的孩子被定义并扮演着为自恋父母服务的角色,而很少有人考虑到这些孩子是谁以及他们需要什么。这样的角色也让自恋的父母在系统中保留了不容置疑的权力和控制权。孩子可能并不总是被"置于"这些角色中,但他们会发现,承担这些角色和行为能够让他们在与否定型父母相处时感到安全。不是所有人都在自恋家庭中长大,但有趣的是,你会发现在有毒的职场或家庭中都有这些角色的身影。理解这些角色不仅可以说明你在原生家庭或其他群体(如有毒的朋友圈或职场)中是如何不断循环的,但这些角色也有助于你的治愈,因为这些角色会限定对疗愈至关重要的个性化过程。

如果你来自一个自恋型家庭，你会发现自己至少扮演了其中的某个角色。你是虐待、欺凌和侮辱的对象吗？你是否像一个小外交官那样四处奔忙，试图让每个人都没事？你是否意识到了父母的自恋，而这种意识威胁到了你自恋父母的自尊心？当你了解这些角色后，你会发现其中一些角色是重叠的——例如，你可能既是真相先知或说真话的人，又是替罪羊。或者，如果你生活在一个混合家庭中，你可能在一个家庭中扮演某个角色，在另一个家庭中扮演另外一个角色。你的角色也可能随着年龄的增长而发生变化——在小时候是金童玉女，但后来被弟弟妹妹取代，或者因为你不再足够可爱或没有给父母带来足够的自恋供给而被废黜。家庭越大，所有这些角色就越有可能出现；而在小家庭中，兄弟姐妹可能会扮演多个角色。你还可以在由堂兄弟姐妹、姑姑和叔叔组成的大家族系统中扮演某些角色，而有些角色在某些系统中根本不会出现。

不幸的是，如果你的父母都是自恋或对抗型的，这些角色就会成为你身份认同的根基，成为你满足需求的唯一途径。这些角色会让你陷入虚假的身份认同，削弱你成年后建立真正亲密关系的能力。意识到这一点很重要，这样你才能慢慢摆脱它们。你扮演的角色越多，摆脱这些生存角色、找到真正的自我需要做的工作就越多。

让我们逐个看看这些角色都是什么。

金童

在史密斯家，谢丽尔这个金童或许受到了母亲过多的关注，但如果她试图追求自己的兴趣，她仍然会因面对母亲的怒火和失望而产生巨大的焦虑。金童是受宠的那个孩子，是自恋父母最喜欢的家庭供给。金童代表了自恋父母看重的东西：他们要么可能长得像父母，很吸引人，听话而顺从，要么就是优秀的学生或运动员。**金童的成功、靓丽的外表或行为是自恋父母的供给**，而金童则通过成为父母希望的人来满足他们的依恋和归属需求。比起他们的兄弟姐妹，金童得到的资源更多、更好（自己的房间、汽车、学费）。但金童生活在一个有条件的、危险的神坛上，他们知道如果不再表现优秀或继续满足父母，他们的重要性就会下降。

有同理心的金童可能会因为"被选中"的人是自己而不是兄弟姐妹而感到内疚、伤感甚至羞愧。**没有同理心的金童可能会欺负人，并成长为一个自恋的成年人。**如果你是一个金童，你或许会被困在通过不断取悦自恋的父母来保住这种地位的牢笼中，这限制了你追求自己的兴趣或走上自己的人生道路。作为金童，成年后的你也许会继续扮演这个感恩戴德的角色，仍然依赖于自恋父母的认可。当自恋的父母老去，你会觉得必须站出来协调他们的生活，因为你的兄弟姐妹已经弃你们而去。然而，即使你已成年，如果你不遵守他们的规则，自恋的父母也会收回他们的认可。

如果你是功能失调家庭中的金童，你要清楚你的这一角色如何影响了你的兄弟姐妹，并且仍在影响着你们之间的紧张关系。当他们分享父母或童年体验时，不要反驳他们，因为这些体验很可能和你的不一样。如果你得到了优待，而你的兄弟姐妹或其他父母却没有，那么你可能会感到内疚。分析这种内疚和伤感的治疗也是必不可少的，还要注意不要把自己的某个孩子捧为金童，从而延续这种代际循环。

替罪羊

自恋者利用其他人来进行管理，这时就该**替罪羊**上场了。如果你成了替罪羊，就会承受自恋父母的大部分怒火，并受到严重的心理打击。你会因为自己没有做过的事而被责骂，承担不成比例的家务劳动，没有兄弟姐妹那样的待遇，很小的时候就经历了各式各样的自恋虐待，包括最严重的身体虐待。所有这些都会导致心理伤害。史密斯家的替罪羊黛安面临的许多问题可能产生长期有害影响，如饮食失调和强迫症行为模式，这表明她试图在家庭系统中自保或求活。

成为替罪羊的原因有很多。自恋型父母认为你软弱、讨人厌、有威胁或好欺负。**替罪羊是自恋父母羞耻投射的主要容器**。被当作替罪羊的孩子可能不是父母想要的样子，或者不是一个"合格"的认可来源：一个男孩有一个爱好运动的自恋父亲，但决定搞艺术或身体不够强壮，或者这个孩子不符合性别角色和期望，那么他可能就是替罪羊。找替罪羊也可能是**家庭欺凌**的一部分，整个家庭系统都针对替罪羊，兄弟姐妹会为了躲避自恋父母的怒火而围攻替罪羊。

作为替罪羊，你可能会在成年后感到深深的疏离、低自尊和缺乏归属感。你面前有两条路，其中充满问题的那条路会让你继续在身份认同、自尊和焦虑中挣扎。你不仅会在成年后的各种关系中陷入创伤循环，还会继续陷在家庭的漩涡中，永远想赢得自恋父母的爱。而更好的那一条是设定边界或与家庭中的有害成员保持距离（离开家庭也许并不能让你免于身份认同、自尊和焦虑的困扰）。

替罪羊的角色会带来很多痛苦，甚至是严重的创伤，为了消除这些影响，创伤知情治疗是至关重要的。如果你是家里的替罪羊，那么请努力在家庭系统之外找到自己的声音，培养新的支持来源，选择自己的家庭，投身能够获得自我肯定的活动，让自己成为一个独立于否定系统的人。

帮手

如果你像托马斯一样扮演着**帮手**的角色，你会通过确保自恋父母的需求得到满足来让自己平安无事。这可以是任何事情，诸如做饭、打扫房间、照顾弟弟妹妹，甚至安抚和安慰父母。你或许从中获得了某种控制感，因为你可以"做"一些事情让自恋的父母继续关注你，但你也可能因为不得不"伺候"自恋的父母而精疲力竭，学习成绩下降，错过了朋友和正常的童年活动。要注意，被置于帮手的角色与本身具有"齐心协力"的支持心态完全不一样。在健康的大家庭、单亲或经济困难的家庭中，孩子可能会被要求帮忙，而这种帮忙会得到认可和赞赏，孩子得到了安全感、爱和支持，而不是他们觉得必须做这些事情才会被爱。

如果你小时候是帮手，你会发现自己在成年后的关系中也总是在充当帮手，或者在工作中四处奔忙。自恋的父母天然地相信孩子是满足需求的一种手段；尽管帮手这个角色是强加的，但孩子也认识到这是引起父母注意的唯一方式。如果你成年后摆脱不了帮手的角色，你会发现自己仍然在帮助父母，牺牲了自己的生活，而你的兄弟姐妹（如果有的话）则指望你这个帮手来搞定一切。

如果你小时候是个帮手，现在就开始练习说"不"，不要觉得你总是必须帮忙洗碗、开车接送或做所有的事。我知道，不"做"可能会引起焦虑，但这只是放弃这个角色身份的一个流程。从**小事开**

始，慢慢地对更大的事情说"不"。

调解人 / 维和者

在自恋型家庭系统中扮演着**调解人 / 维和者**角色的孩子，是个有实无名的外交官。作为家里的调解人，安德鲁总是在想办法安抚父亲，让他平静下来，同时确保他的兄弟姐妹不在心理上受到伤害。作为调解人，你可能受到焦虑、自我保护、遗弃恐惧或保护他人等动机的驱使，你敏锐地意识到自恋型父母脾气暴躁，进而不断努力维持和平。你或许有保护欲，想要缓和冲突，以此来保护没有进行虐待的那位家长、被当作替罪羊的兄弟姐妹，或家庭系统中的任何其他人，包括宠物。从某种角度说，你是个斗牛小丑[a]，试图分散自恋父母的注意力，你转移话题甚至自己背锅，提前阻止任何会令自恋父母发火的事情发生。这是一个令人疲惫不堪的角色，久而久之，你变得警惕和紧张，监视着任何可能激怒自恋父母的事情。不幸的是，你试图通过安抚所有人（包括自恋父母）来减轻自恋父母的打击，并以和平的名义哄骗所有人接受自恋父母的行为，这在无意中让你成了帮凶。

成年后，你会继续扮演着调解人的角色，继续介入家庭冲突，充当裁判，在功能失调的家庭群里安慰每一个人，让这个家看起来比实际上正常。在家庭之外，你总是试图调解并寻找解决方案，确实有陷入自恋型关系的风险。你也可能厌恶冲突，这是常见的创伤纽带模式中的一种；你很容易屈服于自恋者的要求，避免设置边界，因为这些边界会带来紧张和冲突。

---

a 译者注：斗牛场上负责保护骑士和娱乐观众的人。

摆脱童年时习得的调解人角色，你会因无需调节或出现和平而感到焦虑。给自己的原生家庭设定一些小边界是个很好的开始，如暂时退出那些所有人都希望你继续解决冲突并"管理"自恋父母的"群聊"。

隐形孩子

假如玛蒂娜不想办法回家，她就得在学校过夜了，不过她的父母根本就不会为这种事操心。她几乎是隐形的。如果你是一个**隐形的孩子**，你也会不知所措。你的兴趣得不到培养，你的需求得不到满足。你的自恋父母很少注意到你、关心你或者问候你。隐形孩子的痛苦在于，你有"被看见"的兄弟姐妹，尤其是金童，所以你们之间的体验对比会凸显出自恋家庭中那些"不够好"的孩子。你处于一个特别痛苦的境地，因为连替罪羊都被看见了（尽管这显然对他们不是什么好事）。在一些家庭中，隐形孩子也可能成为"**迷失的孩子**"——一个漫无目的、游离于家庭系统之外的孩子。

如果你是一个隐形孩子，你可能不得不自己解决很多问题，包括重大的人生决定和学校里的各种事务。没有人看到你会让你觉得自己不配，削弱你的自尊心，限制你为自己发声的能力。这会让你在进入和保持成人关系时面临风险，会被一开始关注你的自恋者忽视或折磨。唯一的安慰是，当你脱离家庭系统时，可能会相对地不那么引人注意。然而，危险在于，你可能要花一生的时间试图让家人注意到你；不幸的是，这种努力通常不会有结果。这会让你被困在有毒的系统中，为了成为他们眼中的你而放弃自己，从而错过在这个系统之外确立自己身份认同的机会。

摆脱隐形角色意味着要擦亮眼睛，因为并非所有的关注都是善意的。找到被别人正视的真正方式；不要再与你的原生家庭分享你的成就、快乐和体验。不被承认会削弱这些体验的乐趣，使你再次陷入希望被无视你的人看见的循环。

真相先知／揭穿者

几乎每个自恋家庭中都会有一个有洞察力的聪明孩子，他以非凡的洞见和智慧认识到自恋模式是有毒的和残忍的（即使他不知道用什么词来形容）——他就是**真相先知**或**揭穿者**。如果这是你，那么你很有天赋，但这也可能让你处境危险。你仅仅是在那里一言不发就可能让自恋的父母感到羞愧。也许你脱口而出的"妈妈不喜欢别人觉得她不聪明"，很快就让你成了替罪羊。虽然自恋的父母经常会试图让你不要说出真相，但他们无法阻止你看到正在发生的事情。你可能会安抚受伤的兄弟姐妹，会与这个系统中的受益者金童发生争执，默默地或公开地揭发皇帝没有穿衣服。但当你长大一些，你可能就成了大家眼里的"害群之马"，你对家庭动态看得清清楚楚，而自恋的父母会很乐意将你抛弃。

如果你是真相先知，你可能一直在等待时机逃离家庭系统。在史密斯家中，托马斯是个帮手，但他也是所有人中最能看清真相的人，所以一有机会就逃走了。然而，因为你确实在一个自恋家庭中长大，无论你多么有韧性，你仍会被焦虑所困扰，这与你的智慧无关。你可能缺乏自信或自我价值感来启动你的逃离计划，会因为抛下兄弟姐妹或非自恋的父／母而感到愧疚。你还可能因为意识到你没有一个安全的空间或无条件爱你的家人而永远伤感。

但是，你也会茁壮成长。你非常善于把握边界，有良好的直觉，看到情况不对就退后一步，置身事外。如果你的家人听从自恋父母的命令抛弃了你，你会感到非常伤心，这时可以用心理治疗来应对这些情绪，同时培养更健康的社会支持来源（一个"自己选择的家庭"）也是必不可少的。你很有天赋，珍惜你发现有毒模式的能力，并采取相应的行动。

理解你的既往经历

基于你的既往经历保护自己可能会让人感到不知所措。你要认识到，自己最美好的一面可能反而让你处于危险之中，而你又必须在这个不承认或不关心正在发生的事情的世界、职场或家庭中保护自己。作为一名心理学家，我努力在谈及了解你的经历、"脆弱"和以往家庭角色的重要性的同时，确保我不会将责任完全归咎于亲历者的叙事——例如，你陷入自恋型关系是因为你是一个善于调解的人。这就是为什么我们还必须了解人们、家庭和整个社会如何助长自恋，并加剧我们的脆弱和自我怀疑。

自恋和否定型家庭系统的态势往往是"只看不说"。如果你揭发自恋的家庭成员，别人会认为你有毛病，你会被禁言、被操控或被排斥。在职场上，保护摇钱树和奖励绩优者的文化助长了自恋，即使他们的行为是有害的。如果揭发者试图提醒人们警惕霸凌或其他虐待行为，他会发现没有人会听，而且其他人还试图愚弄他。无论是鼓励或赞扬毫无歉意的自恋行为，还是无声地忽略这个问题，整个世界都参与了这场养成游戏。所有这些容忍都将助长自恋，并在代际和社会间重复这些循环。即使你认识到自己的经历和与之相关的弱点，整个系统对这些模式的持续奖励也意味着治愈不仅仅关乎你所做的事情，还在于你必须在一个可能无法提供健康生态系统的环境中治愈。如果前路困难重重，这不是因为你还不够努力，而是因为你是在残破的系统中试图治愈。

话虽如此，但你可以做到。最简单的说法是，治愈就是触及你内心那个脆弱的小孩，这个小孩需要有人告诉他"这不是你的错""解决问题不是你的责任"以及"你的看法很重要"。你会发现自己的脆弱性是多方面的，它们构成了你的复杂背景，能够解释你为什么被吸引，以及更重要的，你为什么身陷其中。例如，你可能在一个自恋的家庭系统中长大，有创伤史，非常有同情心，并且在遇到自恋者时正处于过渡期。多重脆弱的存在会增加你产生创伤纽带、自我怀疑和自责的可能性。治愈意味着明白这一点。

你无法回到过去改变你的经历，但你可以理解并正视这些弱点和过去。**治愈往往只是睁开双眼，认清局面。**以下这些策略可以整合你的弱点和世界观，应对自恋型关系中的风险和动态，并保护你。

保持正念并放慢速度

你的弱点可能表现为反射性反应，例如跳起来解决问题，或者总是停下手头的事情倾听别人的麻烦。唯一可以改变这些顽固模式的方法就是先意识到它们。首先要慢下来，和自己对话，并观察自己是如何反应的。如果你正处于某个步履匆匆的人生阶段，那就通过呼吸、冥想和放慢思绪来培养正念。花10分钟做任何你需要完成的活动：清空洗碗机、叠衣服、去杂货店、填写报表，但要慢慢来，留意更加谨慎是什么感觉。行动迅速意味着我们常常不是有意为之或不加分辨。让自己慢下来可以提高你的辨别力，帮助你觉察到你的经历何时悄悄地把你引向不健康的东西。你更高层次的目标和抱负（婚姻、孩子和事业，等等）当然很重要，但匆忙抓住某个人或某个机会而没有认出不健康的模式可能会使这些目标走样。

学会辨别

正念是下一步，即辨别力的重要基础。辨别力包含两个方面：如何评估新认识的人以及如何与现实生活中的人打交道。辨别新人意味着观察他们是如何行事的，了解他们如何应对压力，如何接受反馈，是否尊重你的时间，承认你得到的数据，而不是为不健康和不可接受的行为辩护。你可以使用我在研究生院学到的一个老办法：某事第一次发生是个插曲，第二次是巧合，第三次就是模式了。这个事不过三法则能够让你给别人一个机会，然后允许自己在某种行为成为可疑模式时认识到这一点并退出。

对于已经参与到你生活中的人，分析他们的行为永远不会太晚。如果你觉得很难想象把辨别力用在人身上，那么就想想食物吧：你不会吃变质或难吃的食物。**辨别就是远离对你不利的人**。辨别还有两个关键功能——它能够帮助你避免与新人陷得太深，以及更重要的，当危险信号和不适模式累积了足够多后不被困住。

自我检视是一项很好的辨别力练习。在与自恋者相处一段时间后，注意自己的感受——情感上、精神上、身体上，甚至精力上。与健康的人相处一段时间后，也可以这样做。与健康的人在一起，你可能会发现自己精力充沛、灵感迸发、身心愉悦并头脑清醒。而与自恋的人相处时，你的感觉如何？我猜是疲惫、沮丧、厌恶或愤怒。

反思一下遇到某人后自己的感觉。健康的相遇通常会让我们对自己感觉变好（我经常说，与好人交往会觉得自己高了两英寸）。然而，与不健康的人在一起，你会对自己不满意、自我怀疑，或者不知为什么"低人一等"。这些检视可以教给你一些有用的东西，把它们带入新的互动中，并持续关注自己的感受。你知道健康的感觉是什么。你只需要放慢脚步，集中注意力。

没有人能一直正确辨别——除非你是个机器人。如果你有同理心，你会再次受到伤害，这没关系。这并不意味着你总是陷在有毒的关系中。宁肯受一点点伤，也不要失去对新人的开放心态，以及你人性中可爱和富有同理心的一面。辨别是一个终生的校准过程，也是一个认识到自恋行为模式是一贯的、不变的且对自己不利的过程。辨别并不意味着你必须"逃离"人群，你只需退后几步，继续观察自己的感受。如果你是一个宽容的人，那么请注意你的宽容是否会使关系发展、自恋行为改变，或者你是否在原谅同样的过失和错误。如果某人一直很糟糕，而你却一直在原谅，那么你需要在你的宽恕循环里加入辨别力。你可能相信宽恕是神圣的，但现在才知道辨别是超凡的。

采取相反的行动

你的经历和角色会让你产生反射性行为，这种行为在有毒关系中是有害的，还会构成难以推翻的先例。尽管这很难，但请试着做与你的通常做法相反的事情来打破这些条件反射。例如，袖手旁观，不去解决问题，不去原谅，不给别人第二次机会。在你的其他关系中也要进行这种练习。当有人似乎在寻求帮助但没有直接要求时，不要冲过去解决问题。反思你"救助"行为的起因。如果你刚认识一个新朋友，在你像以往那样提供帮助或救助之前，考虑 3 ~ 6 个月的时间。

营造安全空间

在你的生活中拥有让你感到安全的空间，不必担心你的过去和弱点会被利用，无论是和朋友、安全的家庭成员还是支持小组在一起，这对治愈至关重要。如果你是替罪羊或隐形孩子，你只是希望被看到、被准确地倾听，这些安全空间可以帮助你破除这些僵化的角色，让你更充分地体验和表达自己。有毒关系占用了你太多的时间，当你身在其中时可能无法轻易地打造和培养健康的空间。从接触健康的人这样的小事做起，然后慢慢开始优先考虑这些健康关系，并有意将时间花在这些人身上，而不是花在救助和原谅自恋者、为他们处理麻烦上面。你可以敷衍你的有毒关系，而把最好的状态带到你的安全空间。

接受教育

接受关于自恋的教育，如果你来自一个幸福的家庭，你或许能够教育你的家人，这样他们就可以为你提供支持（但是你不想在自恋型家庭中这样做！）。翻一翻本书的前几章你就知道，这并不是要给一个人贴上自恋的标签，然后无情地走开，而是要识别出对你不利的不健康行为，并认识到这些模式是不会改变的。

制定规则

手术后，我们要遵医嘱——6 周内腿部不能负重，一个月不能弯腰，两周内不能开车——我们遵守这些规则，这样我们才能康复。根据你的各种弱点和经历，严格的规则和边界可以起到保护作用，例如：在重大转变后不要开始新的恋情；在考虑约会之前建立支持基础；关闭消息通知，这样你就不会为了满足自恋者自以为是的需求而中断工作。这些规则不是随意的，它们可以成为护栏，让你找回自己，并提醒你"再坚持一段时间，不要用那条腿"，直到你感到更强壮。

心理治疗

根据你的创伤史或自恋型关系史，创伤知情疗法可能是必不可少的。这项工作的核心原则是认识到你并不是由你的创伤所定义的，除了发生在你身上的事情之外，你还有自己的身份。有背叛创伤史的人往往在信任缺失、过度信任和信任错位之间摇摆不定。治疗也成了探索你与信任之间关系的场所，锻炼你做出健康选择的能力，并认识到你有做出选择的自主权，而这种选择往往由创伤和自恋家庭系统所指派。

保持开放心态

你的过去常常限制你，使你无法接受事情可能会有所不同的想法，其实你的生活和人际关系不必保持原样。好奇心是一种强大的动力。你会发现探索其他道路如此诱人，尽管这可能会带来遗憾等不愉快的感觉。如果你心里种下一颗"生活可能会不一样"的种子，就能带来翻天覆地的变化。你现在不必改变任何事情，只是对其他可能性保持开放的态度就像种下了一颗小小的种子。开放不仅关乎你的生活状态，还关乎你和你内心的可能性。丢开你的僵化脚本，摆脱你只有一条出路的想法。记住，你的内心有无数条路。

识别你常用的辩护

在自恋型关系中，你的弱点和角色驱使你进行辩护，甚至否认你的自恋型关系。但是一旦你清楚地认识到辩护就是辩护，你就能更好地成为自己。在这项练习中，写下并反思你最常用的借口（**她不是故意的；我可能要求得太多；也许指望别人礼貌是愚蠢的；他不知道；我想太多了，她就是这么说话的；他老了**）。你会发现一些模式，比如对家人和朋友使用不同的辩护方式，或者你的辩护往往更像是自我欺骗（例如，以你总是太敏感为由为自恋行为辩护）。你或许还会根据性别、年龄、认识某人的时间长短或处境做出不同的辩护。还要分析你的经历和弱点如何驱使你进行辩护。同情心过剩的人可能会出于同理心而进行辩护（**没准他们只是今天过得不好**）；而作为救助者，你可能会辩称**他们只是需要帮助**。一旦你把这些写下来，就能产生警惕，识别你的辩护，并把你们的关系看得更清楚。

克服愧疚

愧疚是一种令人不舒服的情绪，当你认为自己做错了什么时就会产生这种情绪。但愧疚是主观的，你可能会因为设定边界、期望别人做好自己的工作，或者不参加活动而感到愧疚，尽管你知道在那里你不会被善待。我在与自恋虐待亲历者多年的工作中发现，亲历者花了很多时间愧疚。我问他们："你做错了什么？"

当你感到愧疚时，问问自己："我做错了什么？"然后，下一个问题是："如果别人这样做，我会觉得他们错了吗？"记录这些事情很有用。反思你的过去和角色如何放大了这种愧疚感，以及它是怎样在你的各种关系中起作用的，可以帮助你拒斥它。你会发现你做的这些"坏事"不过是小小的乐事，比如生日那天请假，偶尔睡一次懒觉，或者不再和那些长期操控你的人来往。

记住你的长处

认识自己的长处可能是亲历者最难做到的事情之一，但事实上，是你的某些长处不仅吸引了自恋者，还让你在某种自恋型关系中安然无恙。这些长处也在某种程度上使你进入自恋型关系模型并难以摆脱。你或许会意识到，你实际上非常灵活，是应对各种突发事件的优秀规划师，也是解决问题和寻求解决方案的专家。那些吸引自恋者的东西——创造力、笑声、智慧——都还在那里，也许隐藏起来了，但仍然还在。写下你为了生存而获得的并且一直拥有的长处。这是你自我认知过程的一部分：在这段自恋型关系中，你并非单纯地被动承受，而是积极去面对。

———————

识别和理解你的过去、弱点以及自恋型关系给你设定的限制性角色可以让你更加警觉和敏锐。但你的过往经历、弱点和角色并不是凭空出现的，当你做出改变并在自己内心划定界限时，那些羞辱或质疑你的人会抵制你。通过深入挖掘和探索这些模式，你开发出真实的自我——不是为迎合自恋者的需求和偏好而塑造的自我，而是真正的你。治愈并不意味着所有自恋型关系都会神奇地从你的生活中消失。相反，治愈意味着你在这些狭隘的有毒空间之外继续成长，同时准备好应对前进过程中遇到的其他自恋者和操纵者。成长和个性化意味着直面自恋虐待治愈的核心，也就是全然接受一切。

第五章

彻底接受

感知痛苦快如触电，认清真相慢若冰川。

——芭芭拉·金索沃，《动物梦》

你或许听说过蝎子和天鹅的故事。蝎子迷惑了天鹅，要求天鹅载它过河，天鹅明知不对，但仍然默许蝎子搭载（蝎子虚构的未来欺骗了天鹅，爱情毁了她！）。当它们到达河对岸时，毫不奇怪，蝎子蜇了天鹅，抛弃了那些空洞的承诺。毕竟，无论蝎子多么花言巧语，它终会蜇人。这就是它们的本性。

自恋者的策略和蝎子差不多。尽管他们有魅力、会奉承、给出虚假的承诺和保证，但自恋者不会改变，他们会蜇你。比理解自恋更重要的是认识到相应的不良行为模式是如何在你们的关系中发挥作用的。很多研究深入分析了自恋者为什么会这样做，但这些对治

115

愈来说都不重要。问题不在于"他们为什么这样做",而在于"他们这样做了,伤害了我,而且他们还会再做"。彻底接受就是承认这种一贯性和不可变,这将助你前行。

理解"接受"意味着理解什么是接受,以及什么不是接受。接受不是要你赞同自恋型关系中发生的事情,也不是屈服或投降。接受并不意味着你是一个受气包。接受是承认自恋型关系的现实。最重要的是,**彻底接受是认识到他们的行为不会改变**。彻底接受让你有机会治愈,因为你不再把精力用于修复关系,而是专注于自己的成长。另一种选择是继续困在毫无根据的希望中(希望情况会好转),并永远留在这些无效循环中。

彻底接受的力量

路易莎终于明白了。在经历了 25 年的自恋型关系、接受治疗、加入支持小组之后,她明白了:她的伴侣不会改变。她恍然大悟,这种事情发生一百次了:她精心准备了晚餐,他答应会准时回家,结果却"工作到很晚"。就像压死骆驼的最后一根稻草,那天晚上并没有什么特别的。当他说他回不来了,她甚至没有生气,当他终于回家时,她出奇地平静。她没有像以前那样盘问他去了哪里,也没有急着摆好桌子、热好饭菜。相反,她没有起身,也没有冷言冷语,而是指了指盘子和微波炉,然后取消了遥控器的暂停,继续看她的电视节目。她与这一刻抗争了数百次,不想痛苦地知道事情将永远如此。现在,悲伤、清醒和轻松交织在一起。

同样地,科斯塔 25 年来一直忍受着妻子的羞辱。他总是做得太多或做得不够多。他支持妻子追求事业，自己专心照料孩子，容忍亲戚们嘲笑他姐夫比他更成功。他的家族里从未有人离过婚，孩子就是他的生命，所以他无法接受有一半的时间看不到他们。朋友们都知道他妻子是怎么对他的，但他通常的回应是："女人在这个行业里很难，她只是把强硬的作风带回了家里。"

当科斯塔的姐姐要给他看一段关于自恋的视频时，他拒绝了，认为男人这样想自己的妻子是不忠的。然而，他的健康出现了问题，相互冲突的责任以及持续不断的否定和操控让他疲于奔命。他不想去接受心理治疗，但和他姐姐交谈时，他承认自己只是不想真正了解"自恋"这个概念——因为他害怕自己可能会得知些什么。

在自恋的领地中，所有道路都是危险的，但只有一条路能让你到达更好的目的地，那就是彻底接受。当然，正如路易莎的故事告诉我们的那样，接受自恋现状可以揭开帷幕，让你看清事实，这样你就可以停止与风车的较量。当你不得不接受你们的关系无法改善、凤凰不会涅槃、自恋者永远不会真正试图正视和理解你时，你会感到悲伤。这会令你伤心欲绝，并加重了你一直在精神和情感上试图避免的损失。

然而，接受不仅能打开治愈和成长的大门，还能带给你一种解脱感。从某种程度上讲，这就像得知考题没有正确答案，所以你永远不可能答对。你最终会放弃那种你可以做什么事情来"修复"关系的错误信念，然后不再浪费时间，而是把这些时间用在自己身上，投入到真正对自己有益的关系和目标中。

大部分人不喜欢彻底接受所导致的权力、功能或希望的丧失。我们不想让自己面对巨变的伤痛，我们想避免冲突，因为维持现状令人心安。你是否必须"离开"这段关系才能彻底接受？不。但如果没有彻底接受，实质性的治愈是否有可能？不尽然。**如果你像科斯塔一样，仍然相信这段关系可以改变，或者你可以做些什么让事情变得更好，那就意味着虐待、自责和失望的循环将永远持续，这种活法太难了。**

彻底接受是治愈之门

我曾经有一位管理着大量员工的客户。尽管他手下有 100 人，但他在其中的 3 个人身上花费的时间、心血和精力比另外 97 个人加起来还多。这 3 个人带来的麻烦令他焦头烂额、心烦意乱、精疲力竭。当他看到这 3 个人行为中的共同点（一长串的自恋行为）并了解了自恋后，他努力去彻底接受。他不再认为自己是个糟糕的经理，而是改变了招聘和考核程序。他认识到，在摆脱他们之前，他必须寻找权宜之计。他承认这并不容易，但当他意识到自己无法更好地管理他们时，他感觉一下子就轻松了，他只需任由他们走到被解雇或主动辞职的那一步。

治愈本身就是一段艰难的旅程，没有彻底接受的治愈如同在断腿的第二天就下地行走。看清自恋型关系和行为，不要对操控和否定感到惊讶。即使自恋虐待仍在继续，也要带着现实的期望和这种情况不会改变的认知坚持下去，这样你才能慢慢切断创伤纽带，减轻自责，澄清被搅浑的水。

当我引导人们从自恋虐待中康复时，我会想办法解决"惊讶"问题——他们会对有毒的短信、电子邮件或对话感到震惊，说"我真不敢相信。他怎么会这么做？"彻底接受意味着你不再如此惊讶，实际上，如果这些事没有发生，你才应该惊讶。当这些有毒模式上演时，不惊讶并不说明你不介意，甚至不代表它没有伤到你，而是意味着你知道它会来，你为此做好准备，体验这种感觉，并坚持下去。

最后要说的是，**彻底接受至关重要，它可以让你不再根据关系的进展来评估你的生活。**一旦你承认了这段关系中不健康的模式是常态，你就可以转而关注自身以及对你来说重要的人和事。你不再等待自恋状况改变的那一天，就是你收回曾经花费在希望、逃避、试图理解它和改变自己上的时间和心理资源的那一天。

彻底接受的障碍

承认自型恋关系并不容易。承认并接受这个人永远不会改变、你们的关系永远不会改善，意味着你要面对的现实与你期望的、可能仍然想要的、多年来甚至一生都在塑造自己以适应的现实截然不同。**彻底接受的最大障碍是希望：希望改变，希望承诺能够兑现，希望事情会变好，希望真心道歉或真正负责，希望从此过上幸福的生活，希望这是一段正常而健康的关系。在自恋型关系中，这样的希望需要很长时间才会破灭。接受的困难之处在于它会引发悲伤、内疚、无助和绝望。**

当希望破灭时，许多人会迫于压力不得不匆忙作出决定。彻底接受会迫使你面对这样的问题："如果事情真的这么糟糕，而且不会改变，我真的不能继续留下，不是吗？"这还会让你无比内疚，好像你因为对你应该爱的人抱有"失败主义"心态而是一个坏人。

为了避免做出艰难的决定，你可能会给接受设置障碍，比如辩护、合理化、否认和个人叙事，以更"可口"的方式构建你的故事（"事情没那么糟，尽管童年艰难，我们还是找到了爱""恋爱并不容易，一旦事情解决了，一切都会好起来的""家家有本难念的经""我们努力工作，艰苦奋斗"）。所有这些都让你能够继续维持这种关系，而不必面对接受所带来的更棘手的问题，比如放弃希望、设定边界、孤独、远离家人、重新开始或犯错误。

但彻底接受并不一定代表着要"脱离"一段关系或某种局面。无论你选择怎么做，都是一种对期望的转变。这意味着即使你留下来，你也能认清这种关系和其中的行为。

接受不仅意味着认识到这个人的性格和行为不会改变，**还意味着这不是一个安全的空间或者你可以依赖的关系**。这并不容易，但通往彻底接受的道路始于简单地承认这就是事实，而且不会改变。一开始，不需要采取任何行动——你不需要分手、申请离婚或断绝关系。事实上，在刚开始彻底接受时，先缓一缓是很有必要的，因为你的整个现实必须与这种颠覆性的转变进行整合。迈出第一步后，你就能更好地做出周全和明智的决定。

这是你对人际关系看法（可能长达几十年）的重大转变，而"放弃"另一个人可能会让你感到消极甚至悲观。这种思维转变像是一道关卡，因为你可能不认为自己会"放弃"任何人。但彻底接受不是对自恋者的否定，而是对他们行为的拒绝，并承认这种不可接受的行为不会改变。当我们在承受自恋型关系的痛苦时，我们就已经在自我贬低中挣扎了；如果你觉得自己正在放弃另一个人，彻底接受则会放大这些感觉。这种"我应该宽容，我知道他们不是故意的"

或"如果我放弃他们，我就和他们一样坏"的心理陷阱会困住你，为治愈过程设置障碍。比将自恋者看作"坏人"更人道的是把自恋虐待视为一种行为。

彻底接受的不幸之处在于，有时需要陷入绝境才能最终实现，微妙的自恋虐待可能还"不够"。背叛或伤害如此严重以至于你无法视而不见，如出轨、将孩子置于险境、被捕、向同事传你和主管或老板的八卦、搞垮家庭或企业的财政。可能要到他们的怒火最终转变成对你进行人身威胁或身体虐待的那一天，你才会彻底接受。

其他时候，很难看清虐待的危害，特别是在童年时期。孩子无法"彻底接受"父母的行为是有害的。自恋家庭系统里的孩子学会了完美的辩护和合理化，打破这些顽固模式并最终在成年后认清父母并非易事。[1]只有彻底接受父母或家庭不会改变，以及你的童年不会有什么不同的事实，你才能开始治愈。

不幸的是，有些人认为自己由于这些亲缘关系和经历而有了污点甚至残缺不全。不去彻底接受意味着你可以在短期内避免这些不好的感受。然而，你并不会仅仅因为身处自恋型关系中而残缺，也不会因为你的父母是自恋的人或你选择了自恋的伴侣而"低人一等"。正视自恋行为并不会让你变"坏"，而会让你变得勇敢。**认清并接受一种承认它会很痛苦的模式，愿意做出现实的选择保护自己，这是无畏和坚韧的最高境界。**

留下，要彻底接受

艾玛花了数年时间试图与丈夫沟通，表达自己的需求，清楚地指明问题，但她通常只能得到怒火和糊弄。她尝试了各种方法与母亲相处，记住特殊的日子，尽量常去看望她，但就在她以为今天一切顺利时，砰！母亲会突然指责她，而艾玛则为自己辩护，然后一切又会再次崩溃。艾玛努力改变自己，接受心理治疗，觉得这一定是她的错，因为她是（这两段关系中）唯一的共同点。艾玛在抑郁、疲惫、愧疚和焦虑中挣扎，而她的丈夫和母亲却说，她是在操纵别人，没有理由痛苦。

有了孩子以后，丈夫经常抱怨要兼顾工作和父职，母亲则批评她不会当妈妈，也没有花足够的时间陪她。艾玛一直认为一定有办法，当她意识到没有时，她承认："我不会离婚，因为我们负担不起。我不会断绝与母亲的关系，因为我是独女。但我意识到，和我结婚的那个家伙有时很好相处，但更多的时候是在操纵、扫兴和发脾气。我的母亲非常以自我为中心，怪我在分娩时没给她打电话。"

在艾玛真正接受了丈夫和母亲的行为不会改变，她也无法脱离这两种关系的那一刻，巨大的悲伤向她袭来。她觉得她可以接受与母亲之间不完美的关系，或者磕磕绊绊的婚姻，但最难接受的是它们不会改变，感觉似乎失去了盼头。她意识到也许她不想接受，因为这意味着这是真的而且不会改变，她可能永远得不到一个充满爱心和耐心的伴侣或一个可靠和慈爱的母亲。放下这些希望和憧憬就像是一场内心葬礼。

现在，艾玛不再上当，她培养了一些新的兴趣。她的朋友和治疗师现在是她的后援团，她把时间和精力花在朋友和孩子身上。她找到了处理家庭事务的变通办法，知道向丈夫求助只会引起更多的冲突（多做些，少烦些，自己丢垃圾还更简单）。她规划好和母亲碰面的时间，认识到母亲想要的全天无休的陪伴是不可能的。在最难过的那些日子里，她觉得生活就像是一场骗局。大部分时间里，她很庆幸冲突的次数减少了，她每天也不那么失望了。随着时间的推移，她意识到，彻底接受在很多方面解放了她，虽然伤痛仍然挥之不去，但它们正在变得越来越平淡。

我们每个人都至少有过一段自恋型关系，这就是为什么那些仅仅怂恿你离开的建议没有用的原因。彻底接受并不代表着你必须和他们断交，只是意味着你必须看清关系的本来面目。即使在我们理解了自恋型关系的本质之后，经济现实、我们想要维持的家庭关系、宗教、社会和文化期望、对失去社会联系的恐惧、对离婚后虐待的恐惧，甚至爱情，让我们选择留下来。然而，彻底接受确实推翻了留下来的其他原因，比如希望。

当你第一次接受自恋者的本性时，你对自己所希望的关系或处境感到悲伤是正常的。你可能会想，**现在我靠什么继续下去？**彻底接受要求你剖析自己为什么留在自恋的处境中。是孩子或金钱等实际因素吗？是愧疚或恐惧等创伤纽带因素吗？诚实面对自己是接受过程的关键部分。这或许是一个严酷的现实考验，可以破除留在你明知是负面和不健康的环境中的羞耻感，并对"留下"感到释然（承认没有其他可行的选择）。

如果你选择留下，彻底接受会让你不太可能屈服于自恋者的挑衅，而且由于你知道什么都不会改变，你也不太可能针锋相对，而是寻找解决办法。设定边界会变得更容易。你不再试图与自恋者混战、打败他们或者赢得他们的欢心。你还可能愿意强化你"说不"的实力，因为你不再玩他们的游戏了。

最后，即使你留在自恋型关系中，彻底接受也能让你获得解放。你不再望着东方的地平线等待日落。你可以剥离你在心理上的投资，将其投入到生活的其他领域：健康的社会支持、工作或其他兴趣。不再生活在虚无缥缈的希望中，不再期待有一天会变好的虚假未来，这些会带来一种五味杂陈般的解脱。接受不是认命，而是让你最终安定下来、在健康关系中活出真正的自我的机会。这里面的平衡很难把握——当你向自恋者展示真实的自我时，他们常常会羞辱你、冲你发火，但培养真正的自我并与他人分享是治愈的关键。我曾与一些人交流过，他们说，一旦他们真正接受了，他们就不再期待同理心、同情或尊重。他们留下的理由各不相同，但他们说，接受了之后，他们现在可以脱离战斗并做回真正的自己。一些不想与年迈的父母断绝关系的人选择只提供实际的帮助。一些不想分享孩子监护权的人则在为孩子 18 周岁生日时的离婚计划倒计时。而另一些人则继续留在有毒的工作场所，直到找到新工作或者拿到福利和养老金。

在处于自恋型关系的情况下，实现彻底接受的目标是拥有现实的期望，与自己保持联系，确保自己不会陷入创伤性依恋的借口中，并保持真实的自我（我明白这并不容易，因为你也在努力弄清楚自己在没有这段关系的情况下究竟是谁）。

离开，也要彻底接受

自恋型关系不会简简单单就结束。诸如回吸、抹黑、操纵、愧疚和分手后虐待等态势意味着，无论你是否仍处于这段关系中，你必须应对自恋行为所导致的后果。这就是为什么如果你选择离开或结束这段关系，彻底接受要分两步走：首先，你必须接受自恋和自恋虐待是不可改变的；其次，你必须接受你离开后的后续。

自恋者不喜欢被抛弃。他们对拒绝非常敏感，因此，如果你离开，他们或许会怒火中烧地惩罚、报复和操纵你。他们也不喜欢、更不愿意放弃控制。彻底接受包括意识到会发生这种分手后的虐待。我每次都会警告正在或即将与自恋者离婚的客户，前景将变得如此悲观和恶劣，以至于他们会怀疑自己的决定。有些人说，虐待在关系结束后变得更加严重，他们几乎想为了让它停下来而回到过去。这就是为什么彻底接受如此重要——结束一段自恋型关系也意味着睁大眼睛看清即将发生什么，这样你就可以做好准备，不会动摇。即使是一个和中度自恋的人分手，之后的前景也是惨淡的。彻底接受让你选择离开，因此从某种程度上来说，关系结束后仍然存在的不良行为应该能打消你的顾虑，因为它证实了你的认知和经历。但是当这种事情发生时，你肯定不会这样想。

对于某些人来说，彻底接受可能要等到我们真正离开时才会开始。如果是自恋者提出分手，就更是如此了。彻底接受是处理关系余波的重要工具。识别分手前后一致的模式，并留意自恋者分手后的行为（如迅速展开新恋情或持续骚扰），可以给他们自恋行为的模式和一贯性画一个完满的句号。

离婚或其他需要分割资产或金钱的分手可能会延长自恋虐待行为，而彻底接受对于处理此类状况至关重要。自恋者的各种模式至少会持续到财物都处理完毕之前，如果过程和结果不是他们想要的样子，他们甚至可能会变本加厉。许多自恋型关系的亲历者都惊讶地发现，即使时隔多年，自恋者仍然像刚分手时那样愤愤不平。简而言之，如果你做到了，彻底接受会坚定你对所有这一切的预判，哪怕多年后仍会令你感到压力巨大。然而，分手后虐待的危害可能会比你经历过的虐待更加严重。

不要烧掉你的雨伞：
什么是对自恋型关系的现实期望？

无论你是留在自恋环境还是离开，现实的期望都是彻底接受的核心，这对于应对和治愈自恋虐待至关重要。这些关系出奇地一致。冷热交替、好坏参半、喜怒无常，这些实际上都是可以预测的——你知道它们会发生。这使得现实的期望相当直白。一旦你精通此道，你就离彻底接受的终点不远了。

理解现实期望的最好方法是回顾构成自恋者的一系列特质以及我们在此类关系中观察到的行为和模式：善变的同情心、特权、自大／否定、轻视、愤怒和操纵。做好这些情况发生的准备。**我会建议处于自恋型关系中的人：**"不要烧掉你的雨伞。"自恋型关系中的好日子会影响你的现实期望和彻底的接受。当他们在某天展现出魅力、感召力和带有表演性质的同情心时，享受你的阳光，但不要烧掉你的雨伞，你很快就会需要它。许多自恋虐待的亲历者都说："该死，我们度过了两天美好的时光，我变得忘乎所以，开始像对待其他朋友一样取笑他们，我无伤大雅的小玩笑让他们发了两个小时的脾气。"

抱有现实的期望也意味着不要听信自恋者的借口、辩解和虚构的未来。当自恋者说他们不会再撒谎、背叛、迟到或临时取消约会时，不要相信他们。**彻底的接受不是和他们纠缠，也不是展示你知道他们会再次背叛**。知道就够了，没必要纠缠。

这就要说到变通方案了。因为你知道自恋者会在最后一刻爽约、忘记买东西，冒犯你的朋友，或者迟到，所以要据此制订计划。不要把重要的东西托付给他们，准备备用方案，和你的朋友另做打算，预订无须全员到场的座位。

现实的期望还涉及信息管理。这意味着**不要与他们分享好消息**，因为他们会让好消息带来的快乐大打折扣，或者表现得像个消极被动的受害者。**也不要让他们得知坏消息**，因为他们的怒火和批评会让事情变得更糟。现在还剩下什么？无关紧要的话题：天气、邻居的猫、巧克力蛋糕的味道。这算是在谈恋爱吗？这不是一段深厚的感情，但与他们建立深厚感情的可能性从来都不存在。现实的期望意味着你知道如果试图投入或期待不同的结果会发生些什么。**彻底接受才是生活**。

最后，即使你真的分手了，也要有现实的期望，这样才能经受住不断袭来的风暴。其中一些风暴可能来自自恋者本人：接连不断的恶毒消息、旷日持久的监护权争夺战、被动攻击性的挖苦以及关于你的流言蜚语。其他的风暴则表明治愈是多么困难。有些人发现，一旦关系结束，自恋者不再出现在他们的生活中，他们的情况就会迅速好转。另外一些人发现，即使分手了，自恋虐待的伤害仍然刻骨铭心。许多（如果不是大部分）分手的人会惊讶地发现自己很想念自恋者，想知道如果他们看到我们所做的一切，他们会不会感到"自豪"或震撼。治愈比你想象的要难。现实的期望意味着认识到，治愈往往像是走两步退一步。

有助于彻底接受的工具

试图将彻底接受融入生活，并不是像说一句"好吧，自恋的人不会改变"那么简单。你的思维需要一点时间才能跟上。有各种各样的技巧可以帮助你加速和巩固彻底接受。

进入虎笼：彻底接受之路

进入老虎笼子的后果是注定的，但如果你认为笼子里是只被误认为老虎的猫而想摸摸它，那就走进去看看会发生什么。多年来，许多还没有开始接受的客户与我分享过他们人际关系中的自恋模式。我们做了一个叫作"进入老虎笼子"的练习。我从来都不喜欢把人送入险境，但有时只有这样才能让客户承认自恋者的否定模式是一贯的。此时的客户基本上已经停止或很少表达他们的需求。这种"需求回避"是一种自我保护与创伤纽带行为，可以避免冲突，但也使他们无法认清有毒模式并满足需求。这项练习的内容是直接向他们生活中的自恋者表达需求。这些需求可能是亲密接触、帮忙做家务、改变业务运营或与你沟通的方式，甚至是对他们行为的反馈以及它们是影响你的。

接着我告诉客户注意对方的反应。如果他们收到了对方对这些需求的共情或非防御性认可，并确实打算处理它们，那么这可能就不是自恋虐待，就像几次进入老虎笼都从对方那里得到了相同的自我意识反应——原来那是一只可爱的猫咪。然而，如果对方的反应是愚弄、操纵、愤怒或辱骂，这就进一步证实了我的客户所怀疑的、不想完全看清的实际上就是自恋虐待。

如果你要做这个练习，请时刻注意你对任何否定反应的辩护，这样你才能亲眼看到自己的创伤纽带循环。这项练习是有意的——与自恋者相处的每一天都是走入虎笼，但这一次你要睁大眼睛，准备认清和感受他们的反应。让别人知道你的需求是一种见证这些模式的清晰而痛苦的方式。不幸的是，常常需要进入虎笼好几次才能确认老虎确实有锋利的爪子。我们的目标是在老虎撕碎你之前做到彻底接受。

不要点发送

我们都曾写过这样的短信、信件或电子邮件来向自恋者进行解释，电子邮件冗长曲折，短信一点也不短。可能是因为他们从不听你说话，而且他们总是愚弄、打断或迷惑你，让你无话可说，所以你才要写这些。你以为如果你详尽地写下来，他们就能清楚地明白你的观点。但这从来都不管用。他们读了信，要么回个粗俗的表情，要么反唇相讥，要么（又一次）愚弄你。

现在，再写一遍那封电子邮件、短信或信件。写下那些你一直试图解释给你身边的自恋者的东西——你的观点、你的解释、你的希望和你的感受。你可以写下你对他们的看法，或者你对他们行为的感受。尽管一吐为快，直抒胸臆。**但不要把它发给他们！** 你可能会和一个值得信赖的朋友或治疗师分享，只是为了让别人见证你的经历。多年来，我读过无数这样的信件／短信／电子邮件，它们通常是对亲历者的痛苦凄美而充满诗意的反思。在治疗室等安全的空间里进行分享，并获得与自恋者分享不可能得到的同情。

写完后，销毁它。销毁要有仪式感。如果安全条件允许就烧掉它，或者把它写在可降解的材质上，扔进池塘或大海，丢下山谷，或者埋起来。如果以上都实现不了，可以用碎纸机粉碎。或者用手机里的便笺工具写，然后删除。这样做的目的是给自己一个发泄的机会，清楚地说出你对这段关系的所有想法和感受；然后通过销毁它，你承认自恋者永远不会听到你的话，从而促使你接受现实。

各种清单

回味和终生否认意味着亲历者几乎本能地"忘记"了关系中的模式。在"好"日子里，不仅很容易忘记所有发生的有害事情，而且也忘记了我们为这些关系放弃了多少自我。写下有害行为的模式可以防止我们自我欺骗和自我怀疑。研究表明，写下来并盯着看而不仅仅是想想就算了，确实很管用。

你可以独自制作这些清单，也可以请人协助。它们应该是一个动态文档，可以继续添加内容。你可以将它们保存在手机或日记里，但要确保只有你能打开。温馨提醒：切勿将这些清单保存在任何会上"云"或被别人看到的共享存储器上。

恶心清单

在你的彻底接受工具包中最有用的清单之一就是我所说的"恶心清单"。这是一份在这段关系中发生的所有糟糕事情的清单。写下这个人对你的恶劣行径：口出恶言、侮辱、否定、背叛、欺骗、操纵、他们搞砸的重大事件，以及所有的煤气灯操控。这个过程可能需要几天、几周，甚至几个月或几年，回忆会不停地涌向你。如果你的密友或家人看到了它，他们也可以进行补充。根据他们在会见时讲述的或者我目睹的许多情节和行为，我帮助许多客户和朋友构建了恶心清单。

有人反对这一练习，说它狭隘，或者会让人难以解脱。制作这样一份清单还可能让人觉得有点恶心和卑鄙，甚至被迫再次想起这些经历还会引起心理不适。但当快乐的回忆卷土重来或恐惧袭来，你想起美好的性爱或迈阿密的完美之夜，或者在其他关系中与朋友一起烤饼干、钓鱼或旅行时，你可以看看这份清单。彻底的接受需要校准。显然，在事事糟心的日子里写这份清单更容易些，当你好了伤疤忘了疼时，这份清单可以让你回到正轨，不再怀疑和责备自己，它还能揭示自恋模式是多么始终如一。

作为一名治疗师，我经常成了客户在自恋型关系中的"导航记录仪"，并在他们自我怀疑时温柔地提醒他们过去都发生了什么。几乎所有的客户都对此心存感激，因为他们已经忘记了那些往事。由于许多人没有专门的治疗师来为他们做这件事，恶心清单可以发挥这种作用。

如果你要继续维持这段关系，这份清单同样重要。选择留下来的人距离彻底接受更远。虽然列出你所处关系的所有不好之处可能会很痛苦，但这份清单可以帮助你避免自责，强化现实的期望和彻底接受，这样你就不会被操纵而不自知。

"床上饼干"清单

也许你身边的自恋者会因为你用大蒜做菜而发脾气，或者他们拒绝看带字幕的电影，或者他们取笑你想在假期做手工，或者训斥你在冰箱里放苏打水。现在就做这些事——做一次全蒜宴，举办个人法国电影节，拿一把胶枪玩个痛快，或者买几箱苏打水。（我的小乐趣是在床上看书或者在手机上玩游戏时吃苏打饼干，所以这样命名这个练习。）把所有这些都写下来，它会提醒你，你为了这段关系放弃了多少可能引起他们鄙夷或生气的小乐趣。**一旦你开始做你自己，更凸显出你们的有毒模式，并使你的彻底接受更有持续性。**如果你没有离开，这份清单可以使你专注于你想要做的事。接下来，重要的是你要花时间去做这些事情，或许是在他们不在的时候，以避免发生争执。哪怕是制作毛绒猫饰品这样的行为也是治愈的一部分。

"该我了"清单

也许你一直梦想着去读研究生、重新装修房子、旅行或写一本书。但无论是由于伴侣总是把他们的需求放在第一位，还是父母总是否定你或要求你付出太多关注以至于你没有时间去上你想上的课，又或者是工作环境恶劣，虽然有薪水却阻碍你实现真正的抱负，你已经搁置了你的梦想。列出你为这段关系放弃的更大抱负。有些人会因为回想起他们因自恋型关系而牺牲的所有经历和抱负而不知所措，这份清单甚至会让你因为那些未能实现或未曾追求的抱负而悲伤。但你不需要去读博士学位，也许那些研究生梦只是代表你想上一些当地大学的有趣课程，也许那本你想写的书最终会变成一系列博客。

列出清单后，选择一个目标，每天或每周做一件小事来实现它：为旅行存几块钱，移动房间里的家具，浏览当地学校的网站，为你在意的事情写段文字。如果你留在自恋型关系里，你可能仍会感到压抑，但你也可以为你的目标做点什么。这一过程有助于你彻底接受，因为你看到了你身上的潜力与自恋者给你的限制之间的反差。

全力反思

反思可能是自恋虐待康复过程中最令人头疼的障碍之一，不利于彻底接受。但是，试图对抗反思就像试图避开地心引力。没有任何停止思考的训练、催眠或记忆消除器可以让反思"消失"。如果你试图对抗反思的洪流，你有可能被淹死。所以，不要对抗。相反，谈论它——在支持小组里、在治疗中、与值得信赖的朋友交谈（但要注意不要过度消耗他们）、在日记里写下来，以及你所能想到的妥善安全地表达自己的方式。

你可以把谈论并全力反思想象成是在"用酒解宿醉"。我的客户们担心对我重复讲述一百遍他们人际关系中发生的事情，但这对我来说每次都是不同的故事。通过一遍又一遍地讲述，他们从中吸取教训并释放痛苦。把这些痛苦的想法憋在心里，正是反思如此不舒服的原因——就像想吐却又找不到可以呕吐的地方。说出你一直在反思的事情，因为不管你信不信，说出来的反思会慢慢帮助你消化你的经历，并最终让你放下它。

在我亲身经历了一次自恋虐待之后，我的一个朋友听我连续说了两周。她没有评判，也没有试图解决它或让我感觉好些。她只是听着，鼓励我继续说下去。两周后，我释放了大部分反思，把它们从头脑里清理出去后，我的念头和困惑都烟消云散了。

清理有毒物质

每个人的生活中都不会只有一个有毒的人。一旦你掀开身边那些更有吸引力或更苛刻的自恋者的面纱,你就会发现你的世界中这样的人比你一开始认为的要多。如果我们不能认清他们,我们就有放任或弱化其影响的风险。通过设定边界、结束关系或分手,以及彻底接受自恋型关系的真正含义,你可以将这些边界扩展到你身边其他不健康的人。如果清理衣柜会给一个人的生活带来快乐,那么清理有毒的人应该会带来狂喜。

首先,检查你的手机通讯录——这听起来有点幼稚——在你的联系人名单中对你不好的人旁边标一个记号或表情符号。他们可能不像你身边那些更为苛刻的自恋者那样有害,但他们仍然会对你造成伤害,让你烦心。当这些不太健康的人给你发短信时,你会看到那个小小的有毒符号,这个提醒可能足以阻止你更进一步。它还会提醒你对那个你明知会浪费时间的电话说"不"。这还可以扩展到不要落入"生日陷阱"——在自恋者生日那天联系对方可能会让你面临被卷入自恋型关系循环的风险。当你开始从生活中消除或疏远这些难相处的人时,你或许会感到内疚、恐惧和焦虑,但同时你也会解脱。而且,这也会增强你彻底接受的程度,因为你能更清楚地看到,不用与人进行不必要的交流,你的生活会更好。

清除社交媒体信息也是清理工作的一部分。进行设置,让自己看不到那些来自有害的关注者和朋友的受害性或消极攻击性帖子。屏蔽某些人,使他们无法看到你生活的点点滴滴。取消关注那些与更棘手的自恋型关系有联系的人,他们可能会绊住你,尤其是当那段关系已经结束，因为你可能会看到他们在帖子中提到你生活中曾经存在的人。想办法更改设置，这样你就不会收到"12 个月前"或"5 年前"的照片剪辑。最理想的办法是减少花在社交媒体上的时间。社交媒体的某些方面——寻求认可、抱怨、攀比、无情的点击诱饵、以自我为中心——对治愈是不利的，所以尽量减少接触。再说一遍，你处理的事情越少，你的感觉就越好，你就更能彻底接受。

最后，考虑扔掉、赠送或永久封存此类关系中的照片和文件（如果这些是家庭照片，你可能需要咨询其他家庭成员，他们或许希望将其作为回忆的一部分并带走它们）。如果你需要其中一些东西（如过去的短信或电子邮件）用于离婚诉讼或其他官司，或者希望将它们作为恶心清单档案的一部分，可以保留。但旧照片可以放进储藏室。从你的生活中移除这些物品就像把幽灵赶出你的房子——以及你的内心。

叠加多重事实

彻底接受的核心是接受和承认多重事实。让我们看看艾玛的案例：**我不能离婚，我的丈夫永远不会改变，我仍然爱着我的丈夫，我爱我的母亲，我不能断绝与母亲的关系，我母亲很自私，我丈夫永远不会帮忙，母亲总是抱怨我在她身上花的时间太少，我必须承担大部分的育儿工作**。在艾玛的案例中，所有这些都是真实的，并且无法相互协调。彻底接受就是列出多重事实，不仅是坏的一面（恶心清单里那些），还有好的一面（最好是大张旗鼓地）。写下这张好坏清单，虽然这种感觉又奇怪又别扭（**我爱我的母亲，我再也不想见到她了**），但一旦你把它们都列出来，你就向着打破否认和失调以及接受前进了一大步。我和客户一起做这个练习，有时是用不同的纸片（比如索引卡），这样你的每个"事实"就不会被其他事实"污染"。这样做可以帮助你突破"认知失调"（cognitive dissonance），即当我们情绪不一致（**我爱他 / 他背叛了我**）时所产生的紧张情绪。通常我们试图通过为一些事情辩护来缓解认知失调的紧张局势（他背叛了我，但我一直被孩子分心，这只是一夜情）——自恋型关系会引发持续的认知失调（好日子和坏日子）。这个练习迫使人们同时容忍不和谐的事实，这样你就可以全面地看待你的处境，而不会为正在发生的事情找借口。这堆不一致的真相是一堂课，要面对它并不容易，它为爱一个人留出空间，但同时又让你认识到为什么可能要远离他们。

生活很复杂，很多事情都是真实的。你不会——实际上也不应该——用非黑即白的眼光看待这些关系。这样做会妨碍你的治愈，并将复杂的过程简单化。你爱这些人，在某些情况下你仍然爱他们，你同情他们的过去，你认识到他们的行为对你不利。这是彻底接受过程中最艰难的部分，但也会让你意识到，彻底接受并不意味着你已经失去了对这个人是谁以及他们对你而言是谁的同理心认知。

彻底接受自己

彻底接受不会改变的人或情况是治愈的关键，但我们也应该将其应用于自身。你彻底接受自己吗？你接受自己的缺点、天赋、怪癖，认识到它们构成了你，你可以根据喜好改变或保留，并且停止评判自己吗？有些人老了以后能做到这一点。他们看得够多，活得够久，终于明白"这就是我"。

你不必用时间换智慧。自恋型关系，尤其是亲子关系，往往会剥夺你彻底接受自己的机会，因为你永远无法被看到、被听到或被重视，所以你学会了沉默，当然，也不敢彻底接受自己。你还学会了调整自己来安抚自恋者，为了在这种关系中生存而压抑真实的自我。发现并接受真正的自我可能是你所拥有的最强大的彻底接受工具，因为你越了解和接受自我，你就越不会牺牲和委屈自己。

这并不是要你寸步不让，而是在别人要求你不要做自己时能够警觉。你不可能因自恋者要求就砍断自己的胳膊，但**自恋型关系中的大多数人都以"爱"的名义砍掉了自己灵魂中相当大的一部分**。彻底接受自己意味着在糟糕的日子里为自己留出空间。

最近，一位让我头疼的人给我发了一封恶意的电子邮件，嘲笑我的工作。我的反应还是以前那样：肚子不舒服，口干舌燥，喉咙发紧。我知道，当这个人在工作上嘲讽我时，我就会觉得自己不够好，他让我在成年后一直有这种感觉。但我真的很喜欢我的工作，在那一刻，我让自己认识到这一点。我为他一贯如此感到难过，但我也看清了他的做派。这一次，我没有因为"太敏感"而批评自己。我没有回应，而是更加努力地工作。之后我再也没有回应过，这对我来说是一个真正的转变，感觉棒极了。彻底接受自己和现状给了我一种新的回应和治愈方式。**我喜欢我做的事，他总想要打击我，我无须回应。**

我们很多痛苦的根源都在于我们不接受自己、拿自己和别人比较、觉得自己不够好。彻底的自我接受就是允许自己认识并接受自己，然后从这里出发。这是自我同情的练习，不评判自己，并认识到任

何处于自恋型关系中的人可能都有和你一样的经历。问自己下面这些问题会有助于彻底接受自己:

- 我喜欢自己什么地方?
- 我不喜欢自己什么地方,但又实在无法改变或不想改变?
- 我不喜欢自己什么地方,但能改变?
- 我是干什么的?
- 什么对我很重要?

在彻底自我接受的过程中,你会意识到自己的弱点——你渴望浪漫,不喜欢独处,对工作敏感。这些都没关系。你只需认识到这是一个潜在的软肋而不是缺陷,是你要捍卫的美好一面。当你贬低或否认自己时,你就没有从根本上彻底接受。请接受你自己。

———————

实现彻底接受是一个具有启发性的心灵过程。你放弃了自恋者之后会变得友善、有同情心、开始对生活感兴趣,并认识到这种否定、敌意和漠不关心会一直存在。这不是放弃,不是屈服,也不是同意虐待行为,而是认清现状。虽然这一开始可能会让你感到绝望或悲观,但彻底接受是治愈和脱离他们的现实并捍卫你自己的现实的重要途径。彻底接受会带来巨大的悲伤,这种独特的悲伤会压倒并困住我们。在下一章中,我们将学习如何处理这些关系可能引起的失落和悲伤。

第六章

自恋型关系中的悲伤与治愈

治愈并不意味着没有失去，而是意味着它不再控制我们。

——大卫·凯斯勒

玛丽亚的母亲克莱尔脾气暴躁、善于操纵别人，并且极其自我中心主义。玛丽亚是家里的宠儿，克莱尔会为女儿的成功而洋洋得意；但如果玛丽亚没有"出彩"，就会遭到母亲的残忍打击。玛丽亚很挣扎，因为母亲总是提醒她，她为她做出了多少牺牲。她觉得这没错，因为母亲一直支持她，很少关注她的兄弟姐妹。玛丽亚生活在害怕让母亲失望的恐惧中，认为母亲心情不好是自己造成的。玛丽亚一直记得母亲刚移民时的贫困生活，她觉得自己欠母亲的。所以她忍受了母亲的愤怒，相信只要她"足够好"，情况就会好转。

玛丽亚大学毕业后，克莱尔希望她成为自己"最好的朋友"，做什么事都带着她。她经常打来电话，希望玛丽亚和她聊上几个小时，并利用玛丽亚的愧疚感来索取更多的时间和探访（"我为你放弃了这么多，你却不能为我做一点点小事，这真是太让人伤心了"）。如果玛丽亚错过了电话或没能抽出时间去看望母亲，她就会对母亲随后的崩溃感到内疚。

玛丽亚遇到她未来的丈夫后，减少了与母亲在一起的时间，这让母亲非常愤怒和失望，玛丽亚不得不经常安抚她。由于她无法在满足母亲的需求与陪伴她那苛刻、自以为是、善于操纵、缺乏同理心的丈夫之间取得平衡，玛丽亚放弃了自己的事业。当她的丈夫有了外遇，她怪自己让他失望了，并冥思苦想如何才能成为一个更好的妻子。在这期间，母亲不仅没有给她支持，还指责她粗心大意。几年后，克莱尔得了癌症，她告诉玛丽亚，这都是因为她有一个不知感恩的女儿。于是，玛丽亚辞去了工作，全心全意地照顾母亲，因为她不想再面对让母亲失望的遗憾和折磨。玛丽亚觉得自己失去了很多——健康的婚姻、正常的母女关系、个人的兴趣和事业。接受她的处境又引发了一系列新的问题……

———————

自恋型关系就像一场错综复杂的舞蹈：自恋者不断将自己的羞耻感投射到你身上，而你出于同理心和责任感，接受并容纳它、责怪自己，并最终为关系中的所有毒害承担了责任。只有这样的结构才能让这些关系持续下去。你最终接受自恋态势不会改变并且它与你无关的那一天，就是这些循环发生转变的那一天，也是关系"停摆"的那一天。

自恋型关系引发的悲伤是相当独特的，机会、希望、抱负、叙事、本能和自我意识的丧失都源于此。归根结底，治愈过程的关键在于，不要逃避悲伤，而是勇敢地走过这段痛苦的旅程。否认、忽视或淡化悲伤的过程真的有风险。正如罗伯特·弗罗斯特所说，唯一的出路就是经历它。你必须处理这些损失，创造一个可以培养自己、建立更健康的人际关系和生活的空间。本章将帮助你做到这一点，为你提供一些工具，让你走出悲伤。

自恋虐待后的悲伤

劳伦 50 多岁时，她最亲密的朋友之一意外去世。朋友之死提醒了她生命随时可能结束。回首往事，她悲伤地意识到，由于自恋虐待的影响，她错过了许多机会和梦想。劳伦在极端自恋的父亲身边长大，她一生中的大部分时间都在努力取悦他。她支付了父母的房款，因此推迟了自己买房的时间，她愿意做任何事情让他们觉得她是个"好"孩子。

当劳伦意识到自己从未接受过许多人从原生家庭中获得的人生信条时，她感到深深的悲哀。**这些信条是：被看见，见证充满爱和尊重的婚姻，安全地寻求指导，感到被重视。**没有这些体验的她觉得自己无法追求亲密关系，反而不断地遇到否定她的自恋伴侣。她怪自己社交能力差、在情感上是个傻瓜、没有能力建立亲密关系。而实际上她很热情，有可爱的幽默感，对他人抱有深切的同情。尽管现在劳伦有了更多的机会，但她仍为从未结过婚、从未成家、从不旅行、一直做着没有意义的工作而感到悲哀。

那些失去的时间，充满了恐惧、无助和焦虑的童年，在父亲和那些有毒伴侣身上落空的希望，薪酬可观但精神空虚的工作，等待家人能够看清楚他们自己并正视她，所有这些都令劳伦感到悲伤。她还为没有早点了解自恋而无法做出更好的选择而悲伤。

从本质上来说，她是为自己感到悲伤。

自恋型关系带来的悲伤是一种你无法逃脱的体验。它没有时间表——你无法加快或延缓它。这是一个可能长达数年的过程，它就是需要这么长时间。或许你会在某一刻解脱，但也可能一生都背负着某种悲伤。在某种程度上，哀悼现在要比哀悼过去难过得多，包括但不限于你梦想中幸福完整的家庭、与某人一起变老，或给孩子一个比你小时候更稳定的家。这是对你所希望拥有的生活的哀悼，它的消退需要时间。

我们为自恋型关系感到悲伤的原因有很多。你可能在为自己从未得到过的东西而悲伤。如果你有一个自恋的家长，你可能会为失去健康的童年而悲伤。当你将自己的童年与你试图给予自己孩子的东西进行对比时，这种悲伤会变得更加强烈。如果你脱离了原生家庭，你可能会为自己从未拥有过的安全空间、归属感、缓冲空间或无条件的爱而悲伤。你或许会回顾自己的过去并问自己：**如果没有这种经历，我的生活会有什么不同？** 这会伴随着沉思和后悔，也是对身份、爱和机会丧失的反思。

还有对错失重要发展窗口的悲伤。与自恋者离婚后你可以再婚并体验到健康的成人关系，但你无法再过一次童年。成年后，你可能很难决定继续与自恋的父母保持联系，因为他们的存在会引发你对失去的童年的悲伤。而且由于你的自恋父母没有改变，你每次见到他们都可能再次体验悲伤。

如果你与一个自恋者维持着亲密关系，你会为失去自己的追求或道路、事业、身份、名誉、财务自由或婚姻和家庭的破裂而感到悲伤；你可能会因为不能和一个充满爱心和善良的伴侣一起生活、一起变老而悲伤；可能还会因为失去你所相信的爱情而悲伤，你会对长期忠诚的关系可以是安全和值得信赖的想法而悲伤；你也可能会为你的孩子得不到什么而悲伤，以及他们可能会因为有一个自恋的父母而经历困惑和焦虑而悲伤。如果你正在与一个自恋者离婚，你可能会为那些孩子们不在身边的时光以及他们失去了正常的家庭而悲伤。

在自恋型关系中，你还会有一种模糊、持续、含混不清的丧失感[1]。这有点像有某个家人或你的爱人患上了痴呆症——这个人在那里，但又不在那里。同样，自恋者在那里，但他们并没有真正陪伴你或给予你同情——而且他们在情感上虐待你。

由自恋型关系结束引发的悲伤可能会令人困惑，因为你有一种应该松一口气的感觉，但你仍然感到难过。悲伤和失落会让你觉得自己犯了一个错误，你可能会回头。**脱离自恋型关系意味着你对这段关系的希望、曾经非常真实的美好时光以及你在这段关系中失去的时间和部分自我都会令你悲伤。**如果关系结束后自恋者还活着，他们可以开始新生活，谈新的恋爱，再婚，或者继续打击你，这也会导致一连串的悲伤和恐惧（**如果他们为了新人而改变怎么办？我做错了吗？**）。死去的人不会开始新生活，但自恋的前任可以。他们看起来春风得意，而你作为亲历者，却在经历痛苦、失落和遗憾。

自恋型关系也意味着你不再天真。许多亲历者表示，对人性本善的信仰已被玩世不恭所取代，这令他们感到悲哀。玩世不恭并不是一个坏词，事实上，如果它能让你更好地辨别，就能够保护你。

自恋虐待的悲伤是一种"**被剥夺权利的悲伤**"（disenfranchised grief）[2]，这种丧失感或悲伤体验不被他人承认或者不被社会认可和支持。想象一下，某个和你关系密切的人去世了，而你周围的人却说这个人没死、你没有必要难过。至少，这令人不安，而这差不多就是一个正在遭受自恋虐待或结束自恋型关系的人的感受。人们否认你的丧失感，尤其是这段关系最终没有告吹的话。你的悲伤体验难以言表、不被承认，别人还说这只不过是"情感问题"，这些只会放大你的羞耻感、哀伤、愧疚和自责。由于你周围的人体会不到你正在经历的"悲伤"，你可能会感到孤立无援。如果你继续这段关系，单身的朋友会说："嘿，至少你还在谈恋爱。"如果你分手，已婚的朋友会说："看，现在你单身了，又可以开始约会了，这多有趣啊！"家人可能会淡化父母的行为，说至少你的童年比父母好。如果你的伴侣或父母去世了，人们会在你身边支持你。但由于你正在经历的是心理上和存在感的丧失，你会觉得"悲伤"这个词被霸占了，只有遭受"许可的"损失的人才能使用。你不可以使用悲伤的语言，你只是因为搞不好关系而胡言乱语，这真太不幸了。

为自恋者之死而悲伤

到目前为止，我们主要关注的是自恋型关系所造成的损失，包括时间、自我、金钱、童年、希望、天真、信任、孩子和家庭，以及爱。然而，自恋者去世后的悲伤可能也很棘手。多年来，我与许多亲历者合作过，他们利用治疗的保密空间来倾诉他们在自恋者去世后感到的解脱，这种解脱带来了一系列的情绪，尤其是内疚和羞愧，甚至是觉得自己因为感到解脱而像个坏人。

　　除了复杂的解脱感之外，自恋者的死亡可能会带来我们在任何人死亡后都会经历的一系列悲伤反应，但悔恨、愤怒、自我怀疑（**我做得够吗？**）和恐惧使事情变得更加棘手。即使自恋者去世了，他们的声音也会在你心中萦绕终生。治愈意味着你仍然需要用心面对那些扭曲的声音，无论自恋者是活着还是死了。

悲伤的障碍

悲伤，尤其是自恋型关系中的悲伤，会让人非常不舒服，就像大多数不舒服的事情一样，你想要避免。重要的是察觉那些阻碍悲伤的因素，这样你才能明白它们是正常的。这些行为或活动会阻止你走完悲伤进程开启新生活。这些行为通常是自我保护性质的，但克服悲伤意味着愿意多走几步，进入非舒适区。

- 一直忙碌，心不在焉
- 吸毒和酗酒
- 否认
- 假装积极
- 使用社交媒体
- 与太多仍与自恋者有联系或支持自恋者的人接触
- 太快尝试成为别人的治疗者
- 自责

驾驭你的悲伤

你需要一些策略来应对复杂的自恋悲伤，许多人发现传统的悲伤策略无法处理这些复杂的丧失感。当你留在这段关系里，情况会变得更加复杂（如果你正在与自恋者离婚，至少人们会认为离婚是一种丧失，但如果你继续维持着关系，尽管损失很严重，但人们却不认可）。了解自恋悲伤恢复的一些基本原则是十分必要的。

1. **实话实说**。尽管人们告诉你这不是真正的悲伤，或者只是把它当作家庭或人际关系问题，但它是真实的。将这种体验视为损失有助于你理解和感受它的深远影响。

2. **拥抱这个过程**。通过心理治疗、支持小组（最好是自恋虐待亲历者小组）、正念、冥想和有意义的活动来驾驭你的悲伤。不要着急——平复悲伤需要很长时间，所以请允许自己不加评判地体验它。

3. **与自己的感觉同在**。悲伤、难过和焦虑都是令人不适的情绪，而且由于自恋型关系和相关的损失会在我们的生活中持续很长时间，所以要做好这些痛苦感觉会再次袭来的准备。当这种情况发生时，与这些感觉相处。这些情绪是你的身心发出的信号，让你放慢脚步，对自己温柔以待。你可以休息、适量运动、冥想、深呼吸或亲近大自然。排斥这些感觉反而会让你深陷其中，想象它们是载着你回到岸边的温柔波浪，不要试图对抗。

4. **写日记**。写下你的经历可以让你追踪自己在慢慢解除这段关系或处理这段关系中的损失时发生的细微变化。你的心情会时好时坏，但随着时间的推移，你会看到进步，而且还可以落实你对成长和个性化的承诺。

5. **关注这段关系之外的自己。**被自恋型关系定义了这么久之后，体验这种关系之外的自己是很难的。努力了解你在自恋型关系之外的价值观、偏好、乐趣和欲望。在经历任何形式的损失之后，重新融入生活都不容易，在遭受自恋虐待之后更加困难，因为你可能不仅要重新回到生活，还要在这段关系之外重新获得（或主张）你的自我意识。

6. **时刻留意周年纪念日、聚会或任何可能把你拉回去的东西。**周年纪念日、生日、恋情的阶段性标志，等等，会让人不安和心碎，并加剧你的悲伤。参加婚礼或其他聚会活动会见到过去的那些人，可能也会让你不堪重负。提前做准备，你可以有意安排其他活动，和朋友消磨时光，独自度过安静的一天，或者在这些日子里好好休息一下。如果你还没有在心理上为"回调"做好准备，这些日子会突袭你，并让你动摇。

从谎言中清醒

你是否曾经看着在自恋型关系中拍的照片——那些面带微笑的照片，记忆中充满乐趣的日子——问自己：这一切都是真的吗？我在微笑，但我快乐吗？不得不从谎言和背叛中清醒过来加重了自恋悲伤。你会开始反思这些谎言，想知道为什么你没有看出它们，或者知道的人为什么没有告诉你。你可能会想，**我怎么这么蠢？为什么我会上当？**怀疑自己的感觉会对你的悲伤和恢复产生很大影响。

那么你该如何处理这个问题呢？留出空间，拆解这些关系中包含的多重真相。反思是自恋虐待的常见影响，也是悲伤的核心部分，它往往围绕着这些关系中的"弥天大谎"。把这些谎言清楚地列出来，你就可以认识到问题所在，并培养自我同情心，从而帮助你摆脱愚蠢或受骗的循环。把它想象成你满怀真诚而来，但情况发生了变化，你失去了曾经信以为真的东西，这就是你的悲伤。

回忆特殊的经历，尤其是那些用图片和视频记录下来的经历——旅行、产房里的时刻、你的婚礼——会扭曲你的现实，所以我经常把它们当作一种工具，用来帮助亲历者驾驭悲伤，以及当时发生的事情、他们现在的感受和他们当时的感受之间的脱节。背叛和扭曲会让你陷入反思，你需要剖析这些经历。我的方法是将这些经历和回忆分为**情节**、**背景**和**感觉**。

假设你和一个自恋的伴侣一起去意大利旅行，你们玩得很开心。然而，一些在可疑的时间发来的奇怪短信让你产生了怀疑。当你问对方，他却说这是他出发前未处理完的工作，这让你觉得带来负能量的你好蠢，然后把它抛在脑后（无视背叛！）。旅行回来几个月之后，你得知他出轨了。

你去过意大利这一事实是真实的——这是"**情节**"部分。你看到微笑照片并回想起你的伴侣当时已经出轨，这并没有消除情节（你**确实**去过大利），但确实改变了"**背景**"。旅行是真实的，微笑是真实的，但情况并不是你在拍这些微笑照片时所想的那样。

然后是"**感觉**"部分。你曾经认为自己是和一位爱你的伴侣去了意大利，你记得那时你很开心。所有这些都是真实的。你现在看这张照片的感觉和那时不一样，但那时的感觉是基于当时的故事。我们在悲伤时回顾这一切，怀疑我们当时的感受，甚至怀疑到底发生了什么。是的，你去了意大利。是的，他有外遇。不，你不知道。是的，他欺骗了你。是的，你很开心。是的，现在你很伤心。再强调一次，为多重真相留出空间，尽管这会很痛苦，但对于走完悲伤过程而言是必要的。

为不公而悲伤

作为一名心理学家，我协助受自恋虐待的客户康复的经验表明，这些关系带来的不公正对康复有着最深远的影响。某种解脱感、公平感或意义感可以加速悲伤的进程，而当你为这些类型的损失而悲伤时，尤其是在悲伤的急性期，是不会有这些感觉的。不公还会助长反思。自恋的人很少真心实意地道歉，很少切实地面对自己行为的后果，很少承担责任或义务，也很少感同身受地承认你的痛苦。因此，自恋型关系让人感到非常不公平——你受伤、崩溃，而他们却继续过自己的日子，几乎没有意识到他们给你造成的伤害。生活是公平的或许是你的核心信念，所以当此类关系一再表明生活并不公平时，你就会不安和难过。你会责怪自己，这是你对不公的内在经验的体现，会使得放手变得更加困难。

在缺乏正义的情况下治愈是困难的。如果我们知道伤害我们的人会受到惩罚或需要承担某种形式的责任，虽然这可能不会减轻伤害，但向前迈进会更容易些。摆脱这种不公正感需要你致力于与自恋者分割。你对不公念念不忘的时间越长，你留在自恋者虐待系统中的时间就越长，你的治愈过程也就离不开他们（**如果他们受苦，我感觉就好点**）。分离和区分代表你的治愈比他们的报应更重要。但要做到这一点需要时间。多年来，有许多人发现，哪怕是阅读或观看与本人无关的不公新闻和纪录片也会带来负面情绪。停止末日

刷屏 ª、缩减浏览社交媒体（尤其是自恋色彩浓厚的帖子）的时间，少看些新闻，这些可能会管用。如果你阅读或观看了让你产生熟悉的恐惧感的东西，让自己缓一口气。彻底接受不公也是这个过程的一部分——**这不公平，我无法改变它，但我可以规划一条不同的、真实的前进道路，并从中吸取教训。**善待自己，深呼吸或休息一下，并认识到假以时日，你的成长和治愈将取代这种不公，但现在需要为此感到悲伤。

治疗在悲伤处理中的重要性

我承认，并不是每个人都能找到了解自恋虐待的心理治疗师，或者有机会接受治疗。一位好的治疗师会让你倾诉悲伤，并将悲伤情景化为摆脱有毒关系进程的一部分。处理这些关系带来的损失就像释放毒素，可以帮助你打破反思的循环。对于我的许多客户来说，我们处理悲伤的方法就是一遍又一遍地重复相同的故事，直到有一天它们消失了。支持小组十分可贵，它使你有机会可以与理解你的人在一起，他们懂你，能够验证你的经历和现实。

如果悲伤过程发展为更明显的心理健康问题以及社会和职业功能紊乱，那么治疗同样很重要。如果你发现悲伤对照顾家人、养育子女、生活自理、工作或日常活动产生了负面影响，就有必要进行心理健康干预。

悲伤仪式

有人去世时，葬礼、服饰和布置房间等整个流程安排及仪式往

ª 译者注：指在社交媒体或新闻网站上不停浏览负面新闻或信息的行为。

往会帮助我们应对丧亲之痛。同样，某种形式的仪式可以肯定你的损失体验，并成为你治愈经历的一部分。你可以单独进行这些仪式，也可以邀请其他人参加。这些仪式可以帮助你处理那些日子带来的痛苦。以下是一些建议，你可以把它们改造成你自己的仪式：

- 举行某种"葬礼"或"典礼"，以释放或放下在此段关系中遭受的损失。把某些可以象征这段关系的东西埋到地下，让自己忘掉；或者在石头上写下你的遗憾或那些有毒模式，然后将它们扔进湖里或海里。做这些时要带着这样的意念：感觉自己放下了这个人、他 / 她的言行，或者你认为你失去的任何其他东西。

- 为自己过一个"生日"——为走出这段关系的新的自己。不一定非要在你生日那天，可以是某个纪念你正视自我的日子。无论你是离开还是留下，当你放下失去和遗憾的重负，让自己走出有毒关系的阴影，都可以为自己庆祝。可以买个蛋糕、点燃蜡烛，或者和理解你的朋友共度夜晚。

- 调整空间。如果你正在以某种方式放弃一段自恋型关系，改变你的生活空间感觉就像重获新生。你可以搬家、粉刷墙壁、移动家具、扔掉让你想起这段关系的东西，或者重新布置你的办公室。

- 扔掉那些让你想起有毒关系、有毒的人或有毒境况的物品。那场他 / 她整晚都不理你的音乐会的票根——扔掉；有毒前任的珠宝——卖掉。自恋的父母明知不适合你非要送给你的毛衣——捐掉。同样，这些仪式的关键是与之相伴的意念和觉知。这不仅仅是把衣服丢进袋子然后送到捐赠中心，而是体会清空这些物品以及相关情绪的感觉。

- 夺回重要的地方。你可能觉得你"失去"了你最喜欢的地方，因为它们被一场争吵、一个特别无情的夜晚或其他一些令人沮丧的经历毁掉了。它们可能是餐馆、酒吧、海滩、城市公园，甚至整个城市。把它们夺回来。盛装打扮，呼朋唤友，让这些地方充满欢笑和喜悦，或者和一个值得信赖的朋友一起去，不用着急。独自一人或许很难做到这一点，但请让你的笑声取代那些充斥在这些特定空间的虐待回忆吧。

● 制作悲伤盒子。准备一个盒子——雪茄盒、鞋盒，任何盒子都可以。在纸片上写下自恋型关系带来的损失——你放弃的东西、你失去的那部分自我、你错过的体验、你丢掉的希望——然后把它们放进盒子里。把它想象成一个奇怪的棺材。知道可以在某个地方安放这些损失是一项练习，能促使你有意识地放下它们并为不断成长的自我意识腾出空间。

———————

自恋虐待所引发的悲伤体验与我们通常认为的悲伤截然不同，但这并不意味着它就不那么真实或不那么痛苦。悲伤就像一条隧道，你必须穿过它，这是治愈过程的第一部分。然而，我们生活在一个自恋人格泛滥的世界，如果你再次陷入一段有毒的关系，悲伤、羞耻、自我怀疑和自责就会加倍。如何阻止这种情况发生？你能变得更具"自恋抗性"吗？

第七章

增强自恋抗性

在一成不变的老地方找到自己的改变之路，
这真是再美妙不过了。

——纳尔逊·曼德拉

作为独生女，林一直忍受着自恋的母亲。多年的创伤治疗让她能够更好地设定边界，尽管她的母亲并不总是尊重这些规则，但她对此感到的内疚感减轻了。林与一个自恋男人的第二次婚姻以离婚和痛苦且代价巨大的监护权之争告终。她继续接受治疗，加入了一个自恋虐待亲历者支持小组，读书，看视频，甚至离开了自恋老板的公司，找了一份虽然薪水少了点但同事们更有同理心的新工作，她的团队认可她的技能和贡献。现在她有了一份更好的工作，最小的孩子也上了大学，她觉得已经准备好再次开始约会了。

　　然而，林非常孤独，她的朋友们都在催她找个人："林，动作快点，我们都老得不能约会了。如果你再等下去，你就会孤独终老。"但到目前为止，她的网恋经历就像是穿越自恋的沼泽。后来，她在一次专业会议上遇到了一个人。她觉得他很有吸引力，气味相投，而且他住的地方离她只有 20 分钟车程。第三次约会时，她又一次听他抱怨事业上的困境和对这个世界的失望。孤独、网恋的忧伤、他的魅力、遇到有趣家伙的激动之情、他垄断谈话并暗示她的成功是靠运气、他的不满、他们共同的爱好——所有这些加起来表明，尽管林已经让她的生活井然有序，但她再次陷入了一段令人困惑的关系中。她费力好大劲才从自恋的母亲和自恋的婚姻中恢复过来——现在又这样？从自恋虐待中治愈是否代表着她将孤独地度过余生？林应该怎么做？

— — — — —

　　治愈是一种抵御、抗争和反叛的行为。它需要你下决心打破长期存在的自责循环，并摆脱整个世界现有的叙事。它意味着终结创伤和有毒关系的代际循环。治愈不只是告别心碎、离婚、疏远父母或开掉自恋的老板。它涉及到你的心理、世界观和信念的转变。

　　治愈是在煤气灯操控者摧毁现实之前就识别和定位他们。治愈是允许自己说"不"，不管是对那些已经搞乱你生活的自恋者，还是对那些**你尚未遇到的人**。这意味着在你周围设定更健康的边界：与自恋者、帮凶，甚至是无意中占用你越来越多时间的健康朋友划定界线。治愈意味着你清楚地看到了自恋和对抗模式，并且不认为"这一次会是个例外"。你学会了优雅地结束谈话并起身离开。**彻底的接受成了一种条件反射。**你切断了创伤的纽带，信任你自己的主观世界——你的想法、感受和体验。你认识到，你与自恋者接触得越多，你就越脱离自己。治愈是设法从痛苦中吸取教训，并在余生运用你所学到的这些教训。

当你尝试恢复和治愈时，近在眼前的恐惧是：**如果这种事情再次发生在我身上怎么办？**事实上，它肯定会再次发生。自恋型人格的普遍性以及社会对它的奖励意味着你将继续在潜在的伴侣、朋友、同事、熟人或停车场恶霸身上遇到它。当你痊愈后再次与这些模式发生冲突时，它可以重新激活自恋虐待的影响。治愈的关键是加强和锻炼你的心理肌肉，让你在这些有毒的人和模式出现时能够认出它们，不要试图改变它们，而是要驾驭它们，听从你的直觉并建立保护边界。

本章的重点是帮助你变得更具"自恋抗性"。我将解释为什么你的交感神经系统比你的理性思维更善于发现自恋者，并揭示断绝联系与阻断自恋者之间的区别，以便你可以选择最适合你的方法。最后还有一个为期12个月的自恋排毒规划，你将在此期间享受个人时光，培养自主性，并且重新（或者第一次）认识自己。

自恋抗性是什么？

自恋抗性是什么意思？这是你在人际关系中的知识、自我意识、自我宽容、智慧、勇气、洞察力、叛逆精神和现实主义的综合体现。假设有一条隧道，隧道的入口是你第一次遇到新人的时候，中段是你们的相处阶段，而从另一边出来就是结束或远离这段关系。自恋抗性的表现因你在隧道中的位置而异。在一开始的把关、熟悉和辨别阶段，自恋抗性意味着花时间注意让你不舒服的行为，并且不要纠结是否"再给他们一次机会"，而是相信你的直觉。当然，要做到并不容易。像在捍卫边界时冒出来的"我以为我是谁？"，在只想要尊重时冒出来的"也许我要求太多了"这样的念头，以及尽管知道什么是危险信号，却觉得你没有确认并退出的权利，这些伴随你一生的叙事常常妨碍你进行良好的把关。

当你还没有明确的结束或离开这段关系的计划时，"隧道中段"可能是最难进行抵抗的地方。在这一阶段，彻底接受、避免上当、不要陷入虚构的未来，并在煤气灯操控发生时认出它们，都至关重要。为了制约自恋者的影响，避免为他们的不良行为负责也是很管用的。

当你走出隧道的另一端时，摆脱困惑和否定可能仍然很困难。在这一阶段，自恋抗性意味着要认清有害的模式和行为，警惕甜蜜回忆造成的失真，避开帮凶们，记下你逃出生天的点点滴滴，这样你就有了一个锚点，无法用否认来欺骗自己。

抵御煤气灯操控

席琳的未婚夫自以为是、傲慢自大、喜欢操纵别人，但他们交往已久——他们一起旅行，他们的家人彼此认识，他们信仰相同的宗教。她无法想象她的未婚夫除了他还能是谁。但他们的关系一直都不顺。早先未婚夫曾背叛过她，但在被抓到时却责怪席琳给他的支持不够，从来没有真心实意地道歉。他还羞辱她的信仰不够虔诚，甚至鼓动他们所属的宗教团体找她谈婚姻中的尊重问题。席琳的自我怀疑日渐加深。

尽管被未婚夫长期否定，但席琳还是试图在公司里争取一个领导职位，令她喜出望外的是，她得到了。这份工作意味着更高的薪水，但也意味着更高的学习强度和更长的工作时间。她的未婚夫本来就心胸狭隘，他说："你确定你能胜任吗？他们知道你有多焦虑吗？"

席琳没有退缩："是的，我确定。虽然需要一点时间来跟上进度，但我热爱这份工作。我能胜任。"

未婚夫答道："好吧，我不确定你是否能在熟悉新工作的同时策划一场婚礼，并做好其他你要做的事情，你已经够手忙脚乱了。"

席琳态度坚定："我不担心，我妈妈愿意帮忙策划，而且我觉得我会因为更开心而做得更好。"

未婚夫步步紧追："我都不知道，原来工作才是最重要的，你的事业最重要。我以为婚姻是我们对神的承诺。也许我们应该暂停一下好让你弄清楚……"席琳想知道，她是否非他不可？她会为了工作而牺牲他们的关系吗？爱和信仰难道不是更重要吗？她的母亲和朋友，甚至宗教社团的人都跑过来说："哎呀，难道你想因为一直工作而变成单身吗？"

如今，"煤气灯操控"已成为流行语，但人们对它的误解仍然很深。正如我们之前所了解的，**"煤气灯操控"是一种情感虐待，通过否认你的经历、感知、发生的事件、情绪以及现实来瓦解你的自我意识。**煤气灯操控不是撒谎，也不只是意见分歧。它的目的是迷惑你，摧毁你的自主性和自我意识。这是我所见过的每一段自恋型关系中都会出现的步骤，也是最有害的人际关系态势之一。要想更好地抵抗自恋，你需要更好地抵御煤气灯操控。

关掉煤气灯最好的方法是从一开始就拒绝它们，找到并承认你的现实，不要在交往过程中牺牲自己的体验和感知，即使同时承认别人的经历可能不一样。恋情初期的煤气灯操控抵抗会令对方受挫，从而转向更好支配的目标。如果你目前正与一个自恋者交往，你的抵抗可能会让对方的操控和怒火升级。但只要知道煤气灯操控是什么样子，就能帮助你在操控发生时识别它们，更加坚守你的边界，而不是屈服、妥协、陷入自责和自我怀疑。

如果你曾经或正处于自恋型关系，那么你的感觉、你饿不饿都是由别人来告诉你的，他们甚至说"你不冷，房间里够暖和。"当时间足够长，你会不再相信自己对自身感觉的判断。多年来，许多客户对我说："我甚至不知道我喜欢什么电视节目，或者我最爱吃的食物是什么。"每天和自己确认可以帮助你相信你的现实和体验，让它成为正念练习的一部分。大声问自己：**我感觉如何？我今天过得怎么样？我现在是什么能量水平？**试着每天问三次。如果可能的话，再说说你的日常生活：起床、准备饭菜、开车上班或者做一些工作上的事情。大声说出来可以帮助你更了解现实，摆脱无意识。只有当你没有切实地了解自己时，煤气灯操控才有可能。

关于幸福的研究一次又一次地表明，健康的亲密关系是幸福生活的首要因素之一。当你在自恋型关系中摸索时，健康的感觉就会离你而去。你需要一个没有煤气灯的地方，在那里你可以分享、被认可、生活在共同的现实体验中，并感到被接受、关注和倾听。你可以找你的朋友、同事、治疗师、可靠的家庭成员或支持团体——那些倾听、接纳你、不会对你进行煤气灯操纵的人。与一个尊重你、会反省现实的人进行一次简单的谈话，就能比你想象的更有助于你的恢复。

这样做的结果是你将有意脱离那些对你进行"煤气灯操控"的人和系统。你无法摆脱生活中所有有毒或否定的空间，但你可以减少接触。想象一下你正在与某人交谈，分享一段经历或感受，而对方反驳说"你没有权利这样想，我认为你曲解了所有的事，小题大做。"这是一个脱身并坚持立场的绝佳机会，即使你有点犹疑不决。试着说"这就是我的感受。"，然后慢慢离开。不要大喊大叫，不要摔门，不要争辩。只要确认这就是你的感受，然后终止谈话，缓缓起身。对方可能会继续用语言攻击你，煤气灯操控者不会就此罢休——但只需几次你就能磨炼出这项技能。在这种情况下感到不舒服是正常的，你走开后会觉得浑身无力。找一个没人打扰的地方，坐下来，调整呼吸，再次校准自己。

脱离意味着摆脱僵局和切断有害的对话，同时你也可以开始慢慢戒掉困扰自恋型关系中每个人的习惯——说"对不起"。想想你在和自恋者相处时道歉的频率——**抱歉我总是在唠叨；抱歉我说话不好听**。久而久之，道歉变成了一种反射行为，但无论你什么时候道歉，现在就开始留意。**过度道歉通常是对煤气灯操控的反应**，会让你自我欺骗。找到一种不用道歉的沟通方式。当你做错事时你需要道歉，但感觉、经历，或者不同意别人歪曲你的现实，并不是"错"。假设你的伴侣应该在 11 点把你送到诊室，他坚称预约的是 12 点，还说你思维混乱，总是记错事情。你打电话给医生办公室，打开免提，听到接待员确认说是 11 点。他们会说"哦，真好，现在我不得不打乱我上午的计划好送你去"，这时你可能说"很抱歉"。不，你只需说"谢谢你送我"。没有道歉，也没有纠缠不休。

你也可以帮助其他人打消抱歉。当你看到有人为一些不需要道歉的事情道歉时，提醒他们无须如此。（我所有遭受自恋虐待的客户都会一边哭一边道歉，所以我们通常从这里开始打破无端道歉循环）。这种对他人的觉察会让你更加了解自己。

记煤气灯操控日记也很有用。写下煤气灯操控的例子，无论大小，都可以使你了解它发生的频率以及操控者是谁，让你感觉不那么"发疯"。例如：记混了姐姐结婚的日期，说我总是告诉她错误的日期；我问他为什么工作到这么晚而他的同事却没有，他不承认，还一直说我多疑；他把护照放在了他的包里，却大声说我把护照装进了我的包里；说管理团队的不那么准确的报告做得非常好。你还可以考虑记下哪些对话类型或话题更有可能导致煤气灯操控。

你的内心批评者在说话

你的内心批评者可能会无休止地重复这些想法——你很懒，没人喜欢你，你一文不值，别再试图超越自己了，放弃吧——如果你把它当成你大脑中的一个小故障而一笔勾销，那可就错了[1]。你的内心批评者是你的一部分，它可能想要使你免于失败或受伤（当然，方法不对）。例如，你听内心批评者的话不去申请新的工作，这样你得不到的话也不会受伤。

当你努力治愈时，你的内心批评者可能更像是内心折磨者，但当你能认识到它过度热心和错位的保护者角色时，你就会停止承认它带给你的身份认同（**我是一个懒惰的人**），而把它当作一种内心想要避免更多痛苦的意图（啊，这个内心的声音试图激励我，而我害怕失败）。你的内心批评者想要赶在自恋者发声之前攻击你，这是一种可悲的方式，同样会妨碍你认清自己，并加重你的自责。和你的内心批评者谈一谈，在四周无人时大声说出来：嘿，内心批评者，我明白你在试图保护我，谢谢你，但我是一个成年人，我知道这些。这听起来可能很傻，但一旦你将这个声音重新定义为你的心灵试图以某种方式在自恋型关系中保护你，你会开始对自己更友善。

了解你的交感神经系统

克里斯的夫妻关系令他头晕目眩，就像永远在狂欢。当他收到妻子发来的短信说她正在回家的路上时，他会发现自己的心跳在加快。如果克里斯的妻子今天过得不错，回到家后亲切可人，克里斯会放松下来，几乎忘记事情会变得多么糟糕。然而，当她发现冰箱里没有她最喜欢的葡萄酒时，他几乎能感觉到妻子的肩膀绷了起来。克里斯的喉咙里好像堵了什么东西，身体也开始出汗。开始新工作两周后，当他遇到一位十分无礼和自以为是的新同事时，克里斯再次感到喉咙堵塞，心跳加快，胸口发紧。这种感觉很熟悉。接下来的几周表明这位同事非常刻薄好胜，克里斯惊讶地发现他的身体就像一个早期检测系统。

与其他形式的关系创伤一样，自恋虐待的后果强烈地体现在你的身体上。现在闭上眼睛，想象最令你痛苦的自恋型关系。伴随着你的呼吸和反思，注意你身体的哪个部位有感觉以及这些感觉是什么样的。你遇到行为有毒的人时，这些身体感觉往往会让你想起你

曾经经历的自恋型关系。在面临恐惧和威胁时，你的交感神经系统
（SNS）控制你的身体做出反应。

交感神经系统是你的战斗、逃跑、僵住和屈服／讨好系统——
在恐惧时，你的这部分系统会调动起来保护你。大多数人都熟悉"战
斗或逃跑"反应，即在受到威胁时大喊、反击或逃跑的冲动。当你
遇到大脑和身体认为是危险的东西时，交感神经系统就会启动并处
理这种危险，你可能会出现心跳加速、口干舌燥、过度换气或其他
生理症状。当你感知到的威胁明确并现实存在时——如狂吠的狗、
火灾或凶手——这是一个了不起的系统。问题在于，有的刺激因素
不会真正危及生命——如某人在咆哮——但会让你感到恐惧、威胁
和害怕，因此你的 SNS 就开始行动起来。虽然有些来自他人的刺激
无关生死——如自恋者在争吵后走掉——但感知到爱与依恋的丧失
以及担心其他人的反应也是原始的压力源，在你的本能大脑中也代
表着威胁，因此你会产生生理反应。SNS 反应是反射性的：你没有"选
择"做出这些反应，它们是你在危险和风险时刻的快速反应。

在自恋型关系的早期，你可能会因为不了解自己的处境而"战
斗"，但这种"战斗"反应在自恋型关系中通常不会奏效。与其试
图赢得与自恋者的战斗，还不如去揍一只发怒的老虎。人际关系中
的 SNS 反应是无意识的，无关战术。如果你对威胁的反应是战斗，
那么你的自恋型关系可能会让人感觉并显得非常不稳定，你周围的
人甚至会因为你卷入了与自恋者的长期冲突而认为你是共犯。

"逃跑"反应看起来像是逃跑以躲避伤害（凶手在追你，所以
你逃跑）。有些人（在某些情况下他们可能是幸运的）会结束这种
关系或不再理会自恋者，从而在心理上"逃离"他们。尽管你现在

不会在字面意思上逃离自恋者，但你也可以通过剥离情绪或自我分离来"逃离"（不再表达需求，把自己当作关系中的旁观者，或者用工作、食物或酒精麻痹自己）。当自恋者开始攻击你时，你可能会在心理上退出。最终随着时间的推移，你不仅开始失去你在世界上的"存在感"，而且还会远离其他更健康的关系，变得容易分心，并且压抑自己的情感。"逃跑"是亲历者的常见反应，在很多方面它不仅仅是"逃离"自恋者，也是自我抛弃。

第三个反应是僵住。当威胁迫在眉睫，你找不到合适的词语来表达，也无法尖叫或移动身体时，就僵住了。[2]面对一个专横、夸夸其谈、自大、傲慢或挑剔的人，你可能会发现自己完全说不出话来，十分尴尬。交流结束后，你会想**"要是我那么说就好了"**，或者**"要是我那么做就好了"**。如果你有一个脾气特别暴躁的自恋父母，而你又不可能逃跑或反抗，那么僵住反应就会发生在你的童年。僵住反应会助长自责，因为你觉得你让自己或其他人失望了，或者因为没反应而显得愚蠢或软弱。记住，你没有"选择"僵住。不可接受的是他们的行为，而不是你的自然反应。

最后一个反应是讨好。[3]讨好/屈服反应是放弃自己的需求以赢得威胁者的欢心并依恋他们，在受虐的童年环境中长大的人身上这种反应尤为明显。在面对自恋者的否定、轻蔑、不屑一顾或愤怒等行为时，讨好反应的表现可能是睁大眼睛点头、微笑或赞美他们。你会在整个交往过程中不断地试图赢得他们的欢心，这是试图在心理不安全的情况下维持对他们的依恋。有些人会故意拍自恋者的马屁以促成某件事或实现其他目的，但讨好不是这样的。讨好是你对自恋者给出的否定和带来的不适做出的本能反应，是由对依恋和交流的基本需求驱动的。

学会控制你的 SNS

遭受自恋虐待，尤其是在童年时期，意味着你大部分时间都感觉紧张。你生活在长期紧张的状态中，等待自恋者的暴怒、操纵或抛弃威胁。不幸的是，持续处于生理兴奋状态对健康非常不利，有可能最终形成"亲历者"模式。这种模式想要保护你的安全，但从长远来看可能会造成伤害：你小心翼翼，不表达需求，心烦意乱，感觉失调，甚至出现恐慌症状。

那么，我们如何处理这些交感神经系统的反应呢？答案是：利用我们的**副交感神经系统（PNS）**。SNS 左右着我们对威胁的反应，而 PNS 负责让我们放松、休息和消解。保证我们的身体能够得到所需的修复和再生，对于抵消交感神经持续激活状态（即便自恋者不在身边）的影响相当重要。多年来你已经掌握了一些压力管理方法——深呼吸、亲近自然、锻炼、冥想，以及任何可以让你放松的东西，你可以从它们开始。我经常要求我的客户睡眠要充足。对于大多数正在面对自恋虐待影响的人来说，入睡并不总是那么容易。刻意的睡前习惯——刷牙、洗漱、深呼吸、读一些开心的东西、关掉各种电子设备——不仅能让人感觉像是被再次养育（我们大多数人都需要），而且是一种让自己放松下来、让身体得到充分休息以迎接第二天的练习。治愈是一个与身体和谐相处的缓慢演进过程，明白你的身体一直在努力保护你，并有意为生活找点消遣。

多年以来，许多亲历者告诉我，当他们听到门口响起自恋者掏钥匙时的叮当声，他们的身体会做出一系列反应。留意你的 SNS，这并不总是那么容易，因为这个系统旨在让我们行动起来远离危险，而不只是瞎想。但当你感觉到它被激活时，停下来，问问自己"威胁是什么？"，你可能会欺骗自己或认为自己有病（"**我只不过是神经衰弱**"），但事实上，你的身体是活跃的，并且感受到了真实的情况。问问自己"**发生了什么事？**"，尤其是在遇到新人时。至少，把这些反应当作慢慢来和值得注意的信号。在进入自恋型关系后，你会发现批评和拒绝将引起这些反应。随着时间的推移，你会明白工作中的批评与自恋父母或伴侣的残酷拒绝不是一回事，但 SNS 不知道，因此弄清楚实际的威胁可以帮助你更好地进行辨别。

SNS 用身体来进行交流，因此请感知你的身体。当你的心跳加快，把手放在胸口或用几只手指按在手腕处，找到你的脉搏并开始计数。只需专注于与你的身体沟通就能够降低你的心率。你甚至可以更进一步，给自己一个拥抱。这种身体上的安慰令人感到放松。恐惧反应还包括浅呼吸，这会加剧你的恐慌感。找一个你较为平静的时刻，开始练习某种形式的深呼吸。选择一个数字：5、6、7 或 8，吸气数到这个数，然后屏住气数到这个数，最后再慢慢呼气到这个数。在等红灯、整点时或会议开始之前做这些。更好的呼吸可以让你觉得踏实。

在呼吸时把手放在胸前或腹部，并在呼气时轻声哼唱，可以让你感受到振动，将呼吸与身体联系起来，并让你感觉很踏实。你也可以有意地将脚放在地上，感受身体与地面紧紧相连的感觉，或者通过想象不同的感觉，比如微风或水流过你的双手，来让自己脚踏实地。

困难的对话以及对它们的预期也会引发一系列的 SNS 反应，因此与朋友或治疗师一起进行角色扮演对话也很管用——只要你的朋友或治疗师能够提供足够多的"毒性",这样你就能做好万全的准备。如果可能的话,用笔记来指导你进行对话。如果你的头脑僵住了,至少你还有事先准备的思路。我一开始并不赞同演练和角色扮演,直到我和我的客户们开始这么做。我们会为离婚调解、与否定你的朋友对话和节日晚餐进行排练。大多数人发现排练能够让他们事到临头没有那么震惊和意外(我的煤气灯操控很棒!)。事实上,一位女士曾说:"当我丈夫完全按照你说的做时,我不得不忍住不笑。当我对他的行为不再感到意外时,我就能够以不那么情绪化的方式进行谈话。"

记住,我们的SNS反应反映了我们的过去。当看见人们发生冲突、在会议上看到某人被当作替罪羊,甚至目睹某人在公共场合失态(例如,对服务员咆哮)时,你可能会发现自己的心跳在加速。反思你对这些激活反应情景的描述,并问自己:**如果我发声会发生什么事? 这个人危险吗? 他们是否一直在否定别人?** 在这种时候,暂停一分钟,深呼吸,将你的描述与你的SNS和对威胁的感知联系起来。

我该如何为遭受自恋虐待的人提供支持?

我们知道有些人正在经历自恋虐待或正在康复,并且想知道我们可以做些什么来支持他们。好消息是,陪伴他人实际上可以促进你的康复,不过有几件事需要注意。

走向遭受自恋虐待的人并告诉他们是自恋者造成了他们痛苦,这是没有用的。事情没那么简单,而且这往往会导致不了解自恋的人变得更保守，愈发为他们的关系进行辩护。相反，让他们知道你会支持他们，鼓励他们接受治疗，因为治疗对每个人都是有用的（如果你正在接受治疗，可以告诉他们你确实得到了帮助）。如果你见到他们遭遇困难，可以和他们联系（"我只是想问问你过得怎么样，你们俩的对话让我很担心"）。当你这样做时要小心，不要明确指控施虐者的行为有害。相反，你只需种下怀疑的种子，让他们睁大眼睛。

邪教专家扬贾·拉里奇博士为陷入邪教者的家属提供了一种技巧，这也可以帮助你为那些陷入自恋型关系的人提供支持。她建议与他们一起回忆快乐的时光："还记得你有多喜欢我们一起去钓鱼吗？""还记得你画的那些漂亮的画吗？"虽然过程缓慢，但让他们回想起快乐时光或他们可能已经忘记的技能也有助于他们敞开心扉。

最后，珍西·唐恩（Jancee Dunn）在《纽约时报》上发表的文章给出了一个既简单又巧妙的建议，那就是询问别人什么对自己最有用，答案是"帮助、倾听或拥抱"。有时，我们无法提供任何帮助，但倾听、肯定和一个温柔的微笑会比你想象的更有用。

培养抵抗力

到目前为止，我们已经知道如何识别自己是否正在被煤气灯操控或对自恋者产生交感神经系统反应。我们已经了解了内心的批评者想要警示我们的不安全感和内心深处的渴望，让我们呼吸并与自己沟通，并认识到这些强烈的反应与威胁感知有关，而我们可以重新审视和构建它们。你的自恋雷达已经处于高度警戒状态。那么，如何避免掉进自恋者的陷阱或让新的自恋者走进你的生活？

断绝联系

你和自恋者接触得越多，你的感觉就越糟糕。"断绝联系"就是它的字面意思，更重要的是，不再回应他们。不接电话，不回短信，不说话。你从他们的生活中消失了。更极端的做法是，你还可以屏蔽他们的电话号码、电子邮件或社交媒体账号，甚至可以动用限制令等保护措施。断绝联系是一种粗暴但有效的结束恶性循环的工具。

当你断绝联系时，请做好心理准备。自恋者会交替地进行攻击性的愤怒沟通和"回吸"操纵，特别是当你不小心回应了他们，或者他们意识到自己的愤怒没有用时。如果你对"回吸"没有反应，他们将再次倾泻他们的怒火。如果你没有屏蔽他们，那就准备好迎接数十甚至数百条越来越火大的短信、电子邮件和电话吧。他们可能威胁会敲诈你，聘请律师，或对别人说你的坏话。时间一长，他们可能还会变本加厉，发出令你不安的威胁，直到你联系他们。他们甚至还会跟踪你。如果跟踪行为不断升级——频繁地开车从你家经过，短信铺天盖地，骚扰你的工作单位——请考虑咨询律师，看看有没有什么法律补救措施（遗憾的是，可用的法律补救措施比你想象的要少，我们当前的法律体系更有利于跟踪者而不是亲历者）。

不幸的是，在大多数情况下，断绝联系并不可行，有时甚至会造成更多的痛苦。例如，如果你是未成年子女的共同抚养人，或者在大多数工作场合，你无法完全不联系；如果你想要接触某些家庭成员，或者你的孩子很依恋表兄弟姐妹或祖父母，那么在家庭系统中断绝联系并不总能行得通。对于一些人来说，停止交流所带来的强烈的背叛感和悲伤可能会非常难以适应，或者会给你身边重要的人带来痛苦。总之，你需要考虑很多因素才能断绝联系，并坚持下去。

当你必须打破"断绝联系"时

这是对断绝联系的某种"警告"：过于坚持断绝联系反而会给你带来烦恼。这可能成为家庭中最尖锐的问题。你会因多年不联系而感到"自豪"，但生活出现了变故——有人生病、有人去世，或者发生了其他让你感到棘手的重大事件。如果你已经断绝联系，你可能会为如何继续而痛苦，发现自己陷入一种两难境地：在新情况下保持不联系让你觉得不安，但又害怕打破不联系意味着你屈服了，或者"自恋者赢了"。请记住，这些年的不联系已经帮助你痊愈了，但也必须给谨慎、灵活和就事论事留出空间。你可能需要围绕更重大的问题来决定是否打破不联系，包括如果一直不联系（如某垂死的家庭成员）可能会让你后悔，或者你想支持你在乎的人。

防火墙

我曾经与一位在科技行业工作的人谈起自恋型关系，他令人拍案叫绝地说，也许我们需要针对自恋者建一道"防火墙"。防火墙是计算机领域的术语，指的是在网络或计算机上设置的保护措施，用以防止恶意软件入侵，以及用密码来保护你提供的信息。**在自恋型关系中，防火墙意味着在你周围设置牢固的边界和壁垒，以防止恶意"虐待软件"的入侵，以及在分享可能反过来伤害你的脆弱信息时运用你的判断力。**

首先，让我们谈谈数据流入，因为坦率地说，这是最有可能造成伤害的地方。自恋者进入，操控你，扰乱你，让你怀疑自己。你可以利用对自恋和自恋虐待的了解来保护自己。在这里，承认和彻底接受可以与设定边界和放慢脚步相结合，这样你就不会让有这些行为模式的人太快进入你的生活。这一点很重要，因为很多时候迷人的自恋者——就像你想要下载的看似无害的文件——看起来和其他人一样，甚至更有吸引力。为了建立防火墙和保护自己，请不要操之过急，弄清哪些不健康的行为会让你犹豫是否需要"下载"这个人。

那么，数据流出又如何呢？这也是防火墙保护的内容，你不想泄露重要的信息。你希望分享你的信息，展现自己的脆弱，向他人敞开心扉，但这可能很危险，因为有些人会将这些信息当作武器，或者羞辱嘲笑你。要是有一个弹出窗口，能在我们与错误的人分享脆弱信息之前发出警告就好了（你确定要分享你最大的恐惧吗？）。

守好门

一位朋友告诉我，她治愈过程中最大的转变之一就是尽可能不去参加职场和其他社交活动，因为她知道这些活动会让她碰到有害的人和状况。这彻底改变了她的生活。她说这就像是生病时的自我照料。这样做不仅免受各种不健康状况的影响，而且不再做那些她认为为了赢得自恋者的重视而"必须"做的事，从而感到更加自由和完整。人们操心饮食和穿着，但允许哪些人进入你的生活似乎才是最重要的决策。具备辨别力意味着你可以坦然拒绝那些会让你接近有害人群的邀请，拒绝在自恋者横行无忌的地方工作，远离那些刺痛你的家庭活动或谈话，拒绝第二次约会，带着蒙娜丽莎般完美的微笑优雅地缓步离开。

认清帮凶

想要更好地抵抗自恋，你还需要了解那些异口同声支持和鼓励自恋者的帮凶们。这些人一直在为自恋者开脱：家庭成员或宗教团体指责你不够包容；全社会都在说你不能"放弃"你的关系，甚至不能揭发那些不良行为；认为你小题大做，说一些陈词滥调，比如"你也不是完人""他们没有恶意""我和他们从来没出过任何问题"，以及帮凶的终极说辞"他们已经尽力了"。一些人有时就像提线木偶，不停地转述自恋者的话，这本质上是要你按他们的命令行事。其他人为自恋者的行为进行辩护或表示认可会削弱你的直觉，因为你觉得不可能每个人都错了，所以错的一定是你。**你会认为共识比你的主观经验更重要。**

假设某个自恋者正在操控和伤害她的妹妹。为了反击和避免这些互动带来的痛苦，受自恋虐待的妹妹设定了边界并决定不参加某些家庭活动。然后，自恋者告诉家人，她对妹妹不回来感到十分遗憾，她被妹妹伤害了，在群消息中表现得十分友善，但在只有姐妹俩时却残忍无情。结果，家人都支持自恋的姐姐，他们只想家人团聚。当受虐待的妹妹说出真相，大家却认为她才"有问题"，还说"你姐姐只是希望你成为家中的一员。"帮凶不一定是自恋者，他们可能是你留在身边的人，但是为了抵抗自恋型关系，你必须意识到你周围的人可能会为了维持现状而让自恋者畅行无阻。**识别帮凶与辨别和警惕自恋模式同样重要。**

12 个月排毒计划

我强烈建议那些刚从自恋虐待关系中走出来的人进行为期一年的排毒，并在此期间保持单身。你也许会想，"什么？！我孤独了太久了。我想约会、坠入爱河、做爱。"这些我都明白，但自恋型关系会绑架你。一段独处的时间——真正的独处——是你可以了解自己的时间。多年以来，你的兴趣和喜好被否定、战战兢兢、听命于别人，你需要时间重新定位，做回自己。复合、关注、接触和被珍惜的感觉尽管很诱人，但在这段时间里，迅速将你的需求屈从于新的伴侣——并再次输给创伤纽带模式——的风险实在太大了（还记得吗？过渡期是陷入自恋型关系的高风险期）。

在这个"排毒"期间，你将熟悉自己的节奏、喜好和需求，并开始发掘真实的自我。你将学会独处，学会在陌生的环境里不必顺从他人的现实。**解除创伤纽带的方法之一就是忍受陌生环境的不适感。**在这 12 个月里，你可以做一些让你害怕、让你满足和让你着迷的事情。这是你一个人过生日、过节和庆祝纪念日的一年，也是你认识自己的能力，积极重写你的叙事，而不是让其他人替你写的一年。当你觉得自己有所松懈，无法坚持 12 个月的时候，一定要振作起来。想想那些自恋型关系中的糟糕日子，记住你多么希望能松一口气。现在机会来了。坚持下去，感受不被自恋型关系破坏的快乐。不时地翻一翻"床上饼干"或"该我了"清单也很管用——它们是曾经被你放弃的东西，无论大小——并开始重新获得那些体验。

这些排毒原则对家庭或工作场所中的自恋情形都适用。在你结束或远离任何虐待性自恋型关系之后的一年，一定要给自己时间和空间来治愈。这可能是你人生中培养个人兴趣并开始建立新习惯和日常活动的时期。想起了每周一下午两点的有毒员工会议或耻辱的周日晚餐吗？那就在这些时候做一些放松或有益的事，这样你就可以体验过去和现在之间的差异。

当你过完这 12 个月，你会更愿意坚持自己的喜好和标准，所以如果有一个新的伴侣出现并否定你在意的事情、厌恶你的猫、你爱看的真人秀节目或你喜欢的工作，你将更能冷静地退后一步，并说"不，谢谢"。

独处的力量

在独处中寻找慰藉是治愈自恋虐待和抵抗自恋的重要部分。在对外反击之前，让我们先练习一下独处。很多时候，自恋者之所以能够做出那些事，是因为许多人都害怕孤独。创伤纽带的历史以及自恋虐待造成的自责和困惑会让独处变得非常困难。但独处是一个重要的治愈方式。**它不是孤立，而是为自己留出空间，停止过度照顾对方、单方面的妥协和个人审查。**独处让我们找到自己的声音。

我曾经接待过一位女士，她与一位自恋的男人结婚 40 年后，艰难地度过了一段孤独的时期，最终改变了对独处的看法。当他又一次没有回家，她精心做的晚餐白白浪费了时，她学会了反思自己是如何不再因此而感到紧张或失望；相反，她可以随意观看自己想看的电视节目，放声大笑而不被评判，并体会这种自在所带来的治愈。是独处让她终于在 65 岁时明白了自己是谁，喜欢什么，因为她不再把别人的需求放在第一位。她意识到，是那些一直用"孤独终老"吓唬她的朋友和家人推动了"孤独"剧情。但在与另外一种结局进行比较后，她不再认为独处就是孤独。

要抵抗自恋，重要的是你要意识到你不需要自恋者，现在要做的是找回在这种关系中失去的那部分自我。其中一项工作就是安心独处，这样你就会更加明智地选择与谁共度时光。在你的身份认同被自恋者塑造多年后，现在想想没有这个参照点的自己可能会吓到你。但当独处成为一种有意义的选择时，有毒的人就会在你的生活中失去立足之地。

足够好就行

人们常说，完美是美好的敌人，这句话在自恋型关系中最为适用。对于大多数自恋虐待的亲历者来说，完美主义是一种防御手段和应对策略，他们永远抱有希望，如果能让自己和这段关系"恰到好处"，那么一切都会变得更好。完美也可能是某种形式的自我妨碍，会导致拖延或延迟。（除非尽善尽美，否则我不能提交这个）。当你试图做到完美时，你仍然在迎合自恋者对完美自以为是的痴迷。不妨试试"足够好"，即承认你做得已经很好了。衣服可能洗了，但没有熨烫；办公室可能很乱，但账单已经付了；煮了咖啡没有配点心，但纸杯蛋糕可以从外面买。努力做到"足够好"是治愈的关键。一旦你彻底接受并意识到你不再试图做不可能做到的事情——为他们做到"恰到好处"，你就可以丢弃这种不健康的标准。

练习正念

当你遇到新朋友时，深呼吸、感知当下的自己会让你更加敏锐，因为你的大脑不会飞速运转，而是在仔细研究和体验眼前发生的事情。你越专注，就越能发现危险信号并保护自己。

练习正念并不需要太复杂。尝试一个简单的练习，找出以下内容（在最后一步准备一些零食）：

- 5 样你能看到的东西
- 4 样你能听到的东西
- 3 样你能触摸到的东西
- 2 样你能闻到的东西（如果你愿意，可以随身携带一些芳香精油或香薰蜡烛）
- 1 样你可以品尝的东西

做这个练习时你需要深呼吸。每天做一次能够让你放慢思绪，如果你正在进行或者刚刚摆脱一场艰难的互动，这个练习会特别有用。

详细描述你所处的空间也是一种可以让你脚踏实地的正念技巧。你可以写出来或者在脑海里想象，就好像你正在向某个看不见或不在场的人描述它，或者你正在写小说或故事一样。观察你周围的光线、声音、气味、物体——它们在哪里，它们是什么样子。当你在与难以相处的人互动时感到不舒服，立即做这个练习会很管用（如果你与一个怒气冲冲的自恋者被困在车里，那就专注于车窗外的风景吧）。

拥抱欢乐

你还记得有一种叫做快乐的东西吗？如果你在自恋型关系中待的时间足够长，你可能就记不得了。自恋型关系是盗走你快乐的小偷：当你处于这种关系中时，幸福、安全和舒适感都无从谈起，你会把大部分心理能量花在试图避免威胁上，而不是留意那些转瞬即逝的美好时刻。快乐必须符合自恋者的定义，如果他们过得不开心，其他人也别想好过。**允许自己体验快乐是一种非常有效的自恋抵抗形式。**这不是让你假装积极或列出你感激的事，而是让自己留意生活中的点滴快乐。

你一直都在关注自恋者的每一个情绪和需求，学会抵抗自恋意味着训练自己发掘属于你的快乐时光。找出那些令你愉悦的瞬间——鲜红的日落、美味的冰激凌、看着你的孩子唱歌、窗外的蜂鸟——并且不要让它们被别人夺走。这会提醒你，还有在这种关系之外的生活，还有比你想象的更多的美好和希望。抵抗自恋意味着享受那些属于你的快乐时刻——你与自恋者分享时或许会遭到轻视或贬低——而不会受到丝毫影响。

一开始，你可能会因为想做一些被禁止的事情（例如在自恋型关系之外体验快乐），或者一直被教导欢笑和幸福是可耻的而感到"快乐愧疚"。接下来是"快乐遗憾"，你将意识到在这么多年勉强维持安全和生存之后，你错过了多少东西。找出那些惊奇、快乐和美好的时刻，享受它们，让它们包围你。渐渐地，那些被偷走的快乐时刻可以再次成为丰富多彩的生活。写一本快乐日记，记下这些日常经历。你越留意，你拥有的快乐就越多。

如果你正在遭受自恋虐待，那么体验快乐就是一种反抗行为。快乐被剥夺了这么久，我只能把它比作你在黑暗中沉睡后光线照进你的小屋。你会眯上一会儿，但慢慢地，你会越来越熟练地寻找并适应铺满房间的光线，并陶醉其中。就像你的灵魂似乎也从长时间的睡眠中醒了过来，你发现自己仍然能够感受到美好，而不是只能承受不断反思的重压。

10 种让你更能抵抗自恋的方法

这些工具可以帮助你在今后阻止自恋者进入，或许也能让你在与身边的自恋者相处时保持理智。

1. 承认自己的真相和现实，从根本上驱除煤气灯操控。

2. 不再迷恋魅力和感召力。

3. 不要迷失在表面的品质中，比如智力、教育、外表、财富和成功。

4. 观察他们如何对待其他人（并且不要为之辩护）。

5. 了解他们的言行——观察他们在压力、沮丧或失望的情况下是如何表现的。

6. 深呼吸，放慢节奏。

7. 远离帮凶。

8. 不给第二次机会。

9. 培养更健康的社交网络。如果你生活中健康的人够多，那么你就拥有了终极的自恋解药之一。

10. 开始习惯走人少的那条路。知道你抵抗自恋可能会被指责为武断、挑剔，甚至难搞。

————

自恋抵抗涉及过去、现在和未来：**解除创伤纽带，活在当下，这样你才能识别不健康的行为，并确保自己不会继续陷入困境。**自恋抵抗是了解自己是谁，坚守你的现实，为自己设定真实的边界，慢慢推进新的关系，谨慎行事。当你的大脑开始找借口，但你的身体却想要退缩时，要提高警惕并建立防火墙。你被教导要贬低自己已经很久了，你甚至可能没有意识到你本人有多棒。

摆脱有害关系很有必要，但那些你已经身在其中又不想离开的关系怎么办？如果我们留下，我们又该如何治愈？

第八章

留下来，治愈并成长

万物不变，是我们在变。

——亨利·大卫·梭罗

　　宝琳的彻底接受做得很好。她要应付自恋的成年子女，为了福利而勉强与自恋的经理共事，还要协助身体不好的母亲照顾她自恋的父亲，她的母亲虽然善良却是父亲的帮凶，对父亲不离不弃。她疲惫不堪，认识到自己无法改变任何事情，日日悲伤。但她喜欢她的新工作，在与她心爱的狗独处时得到了慰藉，并在园艺劳作中找到了乐趣。

　　宝琳还觉得，在历经了过去和现在的种种自恋型关系之后，过于频繁地与他人深交实在是太痛苦了。她不喜欢自己嫉妒别人的生活、他们幸福的家庭、与成年子女的亲密关系以及全家一起度假。

她发现，尽管她爱自己的朋友，但为了保护自己，她不再像以前那样经常社交。出于同样的原因，她很久以前就退出了社交媒体。她知道自己无法摆脱这些困住她的自恋型关系，所以当人们给出如何处理这些情况的肤浅建议（"尊重自己，离开他们！""别联系就好"）时，她不认为这是一种选择，只会感到疲倦。她的超能力是在小事上发现乐趣：带着她的狗徒步，欣赏绚丽的日落、刚开花的植物，尽情观看节目。她在自己可以控制的事情中找到了目的和意义，并发现治愈、接受和悲伤就是每天的校准活动。

现实的情况是，许多人都无法轻易摆脱自恋型关系，而且几乎所有人都至少有一段无法离开的关系。对自己说"这关系有毒，我得离开"，这太过简单了。你留下来也许是因为孩子，因为你需要这份工作，或者因为你无法想象离开父母或家人，无论他们多么有害。你可能觉得你需要一个死党，即使与这个自恋者死党的友谊对你造成了伤害……无论你为什么选择留下来，如果你想治愈，就需要改变交往的规则。这段关系会改变，或者你只需要忘掉自己并适应它等假设都是站不住脚的。留下来意味着以一种不会让你太受伤的方式维持这段关系，同时治愈自己。

留下分为好几种程度。比较严重的情况是，你选择留在长期的有毒婚姻或恋爱关系中，与自恋的父母保持密切联系，继续与敌对的商业伙伴或多年的同事频繁合作。这些关系的漫长历史和其中的盘根错节意味着，自恋虐待不仅影响更大，而且离开也更加困难。比较温和的情况是，你可以结束这段关系，但选择继续保持联系。你可以与那些不常见面又难相处的朋友、合作不密切的同事或几乎碰不到的有毒的大家庭成员继续联系。你或许不会与这些人断交，因为他们是你在意的更大的社会群体的一部分，和他们的联系不足以对你产生重大影响（但会令你不快），或者你认为特意断绝关系没有意义，不值得为此发生冲突。

本章将详细说明如何微妙地在任何自恋型关系中维持或进行联系，而且不会激活自恋模式或自责。本章还会提供一些在任何自恋型关系中生存的关键技巧和窍门。当你仍然处在这种关系中时，治愈和成长需要你对正在发生的事情保持觉知，准备好与自恋者进行对话并从中恢复，言行有意识，并始终对驾驭失望和悲伤的旋转木马抱有现实的期望。本章中的练习将帮助你忠于自己和你的目标，规避冲突，并规划变通方案，同时不让关系中的否定行为束缚你的翅膀。

在有毒环境中治愈的主要困难在于自恋者并不真正希望你治愈。这并不是说他们关心你的治愈本身，而是你的治愈意味着他们得到的自恋供应会减少。治愈意味着你体验到了与他们无关的自我，这与他们对支配和控制的需求相冲突。自恋型关系就像热气球上的沙袋，会在你想飞走时把你困在地上。本章将教你如何剪断沙袋上的绳子。表面上你仍然和自恋者保持着关系，但至少你的精神可以振作起来。

不要为留下来自责

留在自恋型关系里，甚至只是继续与自恋者保持联系很容易让你感觉是在做"错"事。但你选择留下来是有原因的，这种关系已经给了你足够多的羞辱，如果你继续因为留下来而否定自己，就有

181

可能妨碍到你的治愈。

你留下来可能是因为希望你们的关系会有所改变，或者连续的好日子预示着风向变了。

你留下来可能是因为你害怕孤独或独自终老，或者因为让自恋者自己照顾自己而感到怜悯和愧疚，在与脆弱的自恋者的关系中，这种态势可能非常明显。

所有人的天性都是会亲近熟悉的事物，即使它是有害的，在自恋型关系中有着可以让人感到安慰的习惯和熟悉感。

你可能会因为一些实际因素而留下来，如孩子、钱和住房。

你可能会因为文化压力、责任感和义务以及对离婚、家庭不和或关系破裂的偏见而留下来。

你继续维持自恋型关系，也可能是因为现有系统（家事法庭、人力资源系统或现有的民事和刑事司法体系）的局限性意味着你几乎没有求偿权，离开会让你面临更大的风险。如果你因种族、性别、性取向或社会阶层而缺乏社会权力，这种风险则会加剧。

留下来是一种选择，从这个角度看问题很有说服力。你的选择是有原因的。深挖这个原因并对你留下来的方式保持觉知。**如果你是为了孩子，那就要全心全意地陪伴孩子，让他们的生活充满同理心和情感意识，这对于有自恋父/母的孩子来说是很有必要的。如果工作场所有毒，那就时刻提醒自己可以从工作中获得什么，比如人脉、技能、福利或退休金。处事精明可以让你感觉不那么被动，更有策略，最大限度地从工作中得到好处。你甚至还可以利用晚上和周末进行进一步的培训或做一份更有趣的兼职。如果你要留在自恋型关系中，你就必须应对持续的自恋虐待，所以不要再用自我批**

判给自己增加负担了。

治愈的障碍

治愈并不代表离开——离开只是治愈墙上的一块砖。但是，**维持自恋型关系并治愈如同逆流而上**。你可能还会想，如果你继续维持这种关系或与自恋者保持联系，有一天你可能会变得非常健康，以至于不得不离开。你也担心治愈可能会助长家人的谎言："嘿，你的童年没有那么糟糕，看看你现在过得多好。"如果你越来越好，你或许会发现自己与自恋系统格格不入，留下来会让你感到非常脱节。认知失调，即你为了避免矛盾而为令人不快的事实进行辩护的想法（与"我和易怒的伴侣生活在一段令人恼火的婚姻中"相比，"他生气是因为工作不顺"更容易接受）会妨碍你的治愈——为这段关系辩护的你比清醒认识这段关系的你更适合这种功能失调的关系。所有这些都可能在潜意识中抗拒治愈。

事实上，**治愈比离开更重要**。你仍然可以治愈，而不必实施离开、断交或彻底改变生活等重大行为。治愈是夺回你的力量，哪怕你留下来。随着你的改变，变得更能抵抗煤气灯操控，找到自己的声音，不再屈从于他们的现实，自恋者就对你没多大兴趣了。你在他们眼里只是一个供应源、一个道具或一个出气筒。一旦你不再扮演这些角色，他们可能就会收拾东西走掉，或者不再需要你。为这一天做好准备。这也可能会吓到你，对被抛弃的恐惧或许让你想停止治愈和个性化以维持这种关系，而这是很危险的。

尽管我不愿意承认，但我仍然爱他们

我们在这方面说得还不够，一般认为自恋型关系是不健康的——你必须离开！但爱和依恋是强大的力量，你或许依然能够感受到。无论你的自恋型关系有多么危险、伤人和痛苦，你可能仍然爱着你身边的自恋者，不打算离开。很多亲历者对我说："我希望我恨他，这样会容易得多……"你理清创伤纽带并严防死守，但意识到你对自恋者还有爱意，你可能会羞愧、心痛，或觉得自己很蠢。**治愈意味着不评判你的感受。**在这个过程中没有错误，只有教训。不要为此感到羞耻，这是正常的，这不仅仅是创伤纽带，你可能真的还爱他们。从这些关系中治愈，就要摆脱非黑即白的思维，拥抱复杂的灰色。

你或许认为治愈的途径是把自恋者视作彻头彻尾的坏人，但这会让你欺骗自己，而且也没什么用。爱他们是可以的。事实上，在整体上还爱着这个自恋者的同时，认识到你的情绪和交往历史的复杂性有助于使你的感觉更加真实。还记得那些多重真相吗？爱是这些真相最强烈的体现——**他们欺骗我，操纵我，我们认识很久了，我爱他们，我希望能不一样。**这种复杂的平衡需要你在"好日子"里休息一下，但不要放松警惕或烧掉你的雨伞，更要诚实地面对自己。这并不容易，但你能做到，没有人——我或者任何人——可以告诉你不要再爱一个人。你有留下或保持联系的理由，好日子会强化这些理由。只是不要让它们欺骗你，让你以不切实际的方式看待这种关系或行为，否则就会再度开启伤害和失望的循环。

留下来会怎么样——我该怎么办？

无论你是否脱离自恋型关系，治愈都是可能的。然而，我不得不说，和自恋者一起生活或经常与自恋者互动就像与吸烟者同住。即使你有空气过滤器，经常开窗，打扫房间，但时间一长你还是会生病。

大部分案例表明，如果你留下来，你是无法完全与自恋者"和解"的。变通、雷区和对立也会一直存在。改变从来都不容易。这个人不会改变，你的身体和思想也不会适应他们对你的影响。对你来说，了解这些局限很重要，因为如果你不了解，就可能再次陷入自责模式，会想："哦，真好，我连治愈都做不到。"你做得很好。这是一种新局面：自恋型关系不变，而你才是那个正在改变的人。**维持自恋型关系需要觉醒意识、明确的期望和自我同情。**让我们来看看它会是什么样的。

带宽耗尽

当你看清并接受了自恋者的本来面目，你会发现自己不得不处理他们的行为所导致的局面：受伤的孩子、愤怒的家人、沮丧的同事、被打乱的计划。所有这些都会耗尽你的带宽。不幸的是，你可能不得不进行安抚和规避：**我不能提起这件事，我不会告诉他们我遇到了好事，我不能让他们知道我们必须改正这个错误。**

匮乏也会让你的带宽耗尽[1]。多年来，你至少在一种重要关系中缺乏同情、尊重、同理心或平衡。人在匮乏时想要生存就会只关注短期需求。如果食物匮乏，而你又饿了，你的全部注意力就会集中在食物上，不会去考虑你的个性化过程或人生目标。当你处于自恋型关系中时，情况类似：健康的情感行为和相互尊重稀缺，你每天都在挣扎，这使得你很难专注于更高层次的成长或其他关系，还会让你疲倦和生病。

要充实你的带宽，你需要进行我所说的"切实的自我护理"。这不是水疗、按摩和积极肯定，而是当你觉察到带宽耗尽——疲劳、头脑混乱、体力不支、自我怀疑、难以抉择时——让自己喘口气：暂时丢开电子邮件，订个外卖，散散步，早点上床，把碗碟丢到水池里不管，或者给朋友打电话。转向你的生活中有同理心、理性和善意的那些部分可以解决这种匮乏。它们会带给你足够的带宽继续前进。留在这些关系里就要坚持不懈，因为你一直如此。放松，呼吸，重新校准，并承认你的体验。

你可能感觉变了个人

你或许不喜欢自己与自恋者在一起时的样子，也不喜欢留下来给你造成的影响。你整日里的念头都让你感到不舒服。你发现自己羡慕那些身边没有自恋者的人——那些婚姻幸福、父母慈爱、同事配合的人。你可能会经历同理心疲劳，或者变得麻木。你会有不正常的卑鄙或报复念头，例如希望自恋者死掉或者生意失败。这些感觉与你自认为是一个正派人的自我概念是矛盾的。

首先，最重要的是要认识到，这些关系迫使你为了生存重塑自己的身份认同，甚至你的身份认同就是由这些关系塑造的。然后，努力摆脱自我批判，回归多重真相。你可以在为朋友感到高兴的同时嫉妒他们，在你最安全时，或者在治疗室这样的地方，你甚至可以试着分析这些感觉。"应该"（我应该为姐姐的美满婚姻感到高兴，我应该为朋友的家庭如此亲密感到高兴，我不应该希望别人倒霉）这个词很危险。这些"应该"似乎值得肯定，但我们不是完人，这些感觉很正常。找出你的"应该"，认识到它们是对正常和健康的向往，并练习善待自己。

对自己刻薄

如果你选择留下来，要反思你如何与自我对话以及你如何看待自己。当你留下来，你就是留在了某个贬低你的环境中，因此看重自己和治愈与留下来是矛盾的，你甚至会被自恋者以及该系统中的其他人嘲笑。你还可能发现你对自己比自恋者更刻薄。可悲的是，刻薄待己形成了闭环——你接受了你是"坏人"的观念，而他们对你的态度又强化了这种观念，你的内心对话也印证了这一点。

下面的练习就好比往你脸上泼冷水，目的是学会以不同的方式与自己交谈，并以友善和关怀的态度对待自己。

找一张你小时候的照片，对着那张照片说这些话。告诉那个小小的"你"，你是个混蛋，又蠢又太敏感，或者是个残次品。对着一个小孩的照片说这些可能并不容易。试一试，目的是停止用如此残忍的方式与自己对话。那个小小的"你"和你有着同样的灵魂——当你现在说自己的坏话时，你就是在对那个孩子说（可能多年以来人们总是这样跟那个孩子说话）。你与自己对话的方式塑造了你的现实，当你告诉自己你残缺不全或愚不可及时，你就活成了这种身份认同。当你这样做时，要警醒，把你小时候的照片放在手机里，方便取用。自恋者仍然会贬低你，但现在你要学习新的词汇，别再干他们的脏活了。

留下来要如何做?

如果你无法摆脱一段自恋型关系,或者不想彻底远离,那么你该如何以一种不受自恋虐待影响的方式维持这种关系,同时还能治愈?有几种技巧和仪式可以帮助你驾驭这种复杂而有害的关系。尽管你的生活中存在持续的自恋型关系,你仍然可以治愈并成长。

设定边界

原则上,设定边界似乎是个好主意——"只要设定边界就好!"——但它到底意味着什么呢?它意味着要弄清楚什么令你感到舒服,并据此在关系中设定界限——在经受了多年自恋虐待之后,你可能都不确定什么是可以接受的了。你在健康关系中设定边界,当有人触犯边界时,你会进行沟通,他们也会逐渐意识到并改变这种行为。而自恋型关系中的边界是虚伪的,自恋者希望你尊重他们的边界,但他们不会尊重你的。但是,如果你要维持这种关系,边界也是必要的,不过你不能一夜之间就设定好。

关键是要记住,边界是一项内在工作。与其说等着自恋者遵守你的边界,不如说是为自己设定一个你要遵守的边界。你要知道什么是你可以接受的。这是一个缓慢的过程,**逐渐停止分享你自己的重大事务,避免向自恋者诉说你的感受、情感、抱负或负面情绪**。你还要明确哪些边界没有商量的余地——对一些人来说可能是欺骗,对另一些人来说可能是身体暴力。如果自恋者越过了不能妥协的边界，你可能敢于设定更加明确的边界，或者干脆离开。然而，在许多中度自恋型关系中，自恋者永远不会去突破那个明确的边界。也许永远不会有"大"的越界（婚外情、被捕），而是成百上千次羞辱的累加。在这些微妙情形下设定边界要困难得多。

玛丽安娜在与自恋丈夫的婚姻中有两条"原则"——不得背叛和禁止身体虐待——她向自己承诺，如果对方违反了这些规则，她就走掉。婚后十年，她发现丈夫出轨，于是离开了。不久之后她的母亲去世，她也病了，他回到她身边，并保证不会再发生这种事（但还是发生了）。这一次，她一去不返。

在搬出去独自生活，并将重心转移到朋友和家人身上之后，玛丽安娜发现了以前未曾留意的模式：朋友们不尊重她的时间，家人们总是在最后一刻才要求她照看他们的孩子。她迈出了一大步，拒绝了提前一小时打电话通知她赶到学校接孩子的姐姐，然后不得不忍受姐姐的指责，说玛丽安娜从来没有帮过她，尽管这些年玛丽安娜已经帮了她数百次。还有一次，她计划和一位老朋友共度周末，这位老朋友总爱在最后一刻改主意。当这位老朋友说想让她的丈夫和他的几个朋友加入她们时，玛丽安娜说："不，我本来计划这是一个女孩们的周末。"当朋友说"好的，谢谢你告诉我。我们的确是这样计划的，我很抱歉我想要改变它"时，她深感震惊，但大受鼓舞。一开始设定与的朋友边界时，她觉得很不舒服，以为朋友会生气或取消周末活动，但她后来认识到自己的需求并珍惜自己的时间，所以还是设定了边界。保护自己是一个缓慢的过程，但她也明白，越界并不一定意味着某人自恋。虽然设定边界令人不舒服，但她意识到，设定边界是可以做到的，并且不会因此而失去某段关系或面对无休止的愤怒。

作为自恋虐待治愈的一部分，学会设定边界意味着要清楚自己的恐惧。问自己："如果我要设定边界，我会害怕什么？"愤怒、关系终止、内疚还是不理不睬？我有很多客户完全清楚他们的边界是什么，但太害怕设定边界所招致的羞耻或愤怒。还有一些人会因设定边界带来的内疚感和害怕伤害他人的感情或让他们失望而感到内心不适。了解你的恐惧会帮助你认识到这些障碍，而不是仅仅认为你不擅长设定边界。

设定边界还与你对自恋者反应的容忍度有关。如果你想努力治愈，又打算留下来，那么培养不在乎他们想法的心态会很有效，尽管这种漠不关心的感觉可能并不适合所有的亲历者。在自恋型关系中，**设定边界的最佳方法是不参与、不开玩笑、不争吵、不上当**。

在自恋型关系中设定边界也会大大启发你如何在非自恋型关系中维持边界。亲历者往往一生都在为边界而挣扎，许多人可能会担心**"如果我设定边界，他们会冷落我或者生气"**。事实上，他们或许会的。设定边界会揭示你的人际关系构成——如果你真的"失去"了某个人，或者必须面对他们在你的边界面前变得消极抵抗或怒气冲冲，这将暴露出这些关系中一些令人不安的真相。如果你担心在治愈过程中失去社会支持，你可以避免设定边界。然而，要注意那些和别人有关且令你不快的事实。运用你的辨别力，也许你所以为的"健康"关系之所以能够维系，只是因为你之前没有设定边界。

最后，力争在边界被侵犯时反应果断，说出你的"不"。自恋者不会配合你设定边界，你必须做自己的守门人。有些人声称你必须反复设定边界，直到对方明白为止，但这在自恋型关系里是行不通的。等待自恋者最终明白并尊重你的边界就像等待潜艇出现在公交车站一样。如果你不断设定边界，而对方却一再轻蔑地嘲笑或根本不尊重它们，你会耗尽你的精力。说出你的"不"，并认识到这是一个内在的、可以将设定边界从一项徒劳的努力转变为自我实现的过程。在你更健康的关系中也进行这样的训练，希望你的成功经验能让你看到你可以在表达自己需求的同时加深和促进这些关系。

低接触

杰西卡发现，她的姐姐不顾她多次要求停止的请求，仍然继续散布有关她的毫无根据的流言蜚语，她必须得换种方式处理她们之间的关系。除了家庭聚会之外，她从未主动与姐姐进行任何额外的接触。杰西卡越来越善于用孩子、天气和房屋装修的问题来敷衍姐姐，接着就走开，避免进一步交谈。彻底的接受意味着姐姐的造谣仍然刺痛她，但不再让她觉得意外。低接触则意味着她可以在维持着家庭内部其他重要关系的同时躲开姐姐的操纵漩涡。

低接触的意思是，你每年只参加几次家庭聚餐，或者只在孩子们的足球赛场上见到前任。如果你们一定要聊点什么，你们只会谈些中性话题，比如天气或城里新开的咖啡店。低接触意味着你在情绪开始爆发之前离开。低接触并不像听起来那么容易，因为会有诱饵（自恋者会戳中你的情绪点，让你生气）和来自帮凶的压力（"好啦，你哥哥没有那么糟糕"，或者"别这么冷淡，放松点"）。低接触代表着哪怕谈及敏感话题或遇到压力，也要坚持自己的立场。这通常是一种外交手段，目的是让你所在的家庭系统和职场能够继续运转，让孩子们感觉更舒服一点，以及维持一个包容的朋友圈。

你必须控制低接触的节奏——低接触并不是说和每个人的接触次数都是一样的。和一些人可能是一周一次，而另外一些人可能是一年一次。低接触是刻意的：在舒适或对你来说重要的场合和情境（例如，孩子的活动）中与自恋者和帮凶接触，为的是支持你在意的人；你可以随时逃离，即使只是在街区周围散步；你觉得你的带宽足以应付，或者拥有后盾。你可以聊一些无关痛痒的话题并守住界限，如果觉得不舒服就一走了之。在有自恋前任出席的子女婚礼上，在多个有毒家庭成员都在场的葬礼上，或者在必须面对好操纵人又自恋的前同事的业内会议上，我都见过人们用低接触来应对。

灰岩和黄岩

如果你以前读过有关自恋虐待的内容，你可能见过"**灰岩**"这个词。灰岩的意思是像灰色的岩石一样无趣，反应极少，情绪平淡，回应简单。你尽可能地不联系自恋者，但仍然有某种接触。本质上，你不再是个合格的自恋供应源。灰岩可应用于实时对话、短信和电子邮件——没有大段的分享，只有事实，是或否，以及"收到"。灰岩是一种特别疏离的沟通方式——不带感情、敷衍、简短、不修饰、无懈可击。

在你一开始运用"灰岩"策略时，自恋者会生气，因为你不再满足他们对争论、夸张、认可和仰慕的需求。困难在于你能否在他们变本加厉的过程中坚持住。他们可能会更加咄咄逼人，更加刺激你，更过分地侮辱你。你会听到这样的话："你在做什么？你本事大到都敢不理我了是吧？什么，你在接受治疗？你的治疗师告诉你要这样吗？"你要准备好经历这种体验。但当他们最终感到无聊并离开时，好日子就会到来。当然，这可能会引发你自己对被抛弃或孤独的恐惧，不要屈服——那只是创伤纽带在说话。

但是，如果你与某人共同抚养孩子，或者从事需要团队协作的工作，或者家庭成员当中有亲有疏，那么灰岩策略就并不总是可行的。此时你可以使用黄岩策略。黄岩比灰岩更有人情味，也更讲究礼仪。教练兼倡导者蒂娜·斯威辛（Tina Swithin）[2]发明了这一术语，她认识到，冷淡而简短的交流不适合共同抚养子女的状况，在法庭或调解等场合也不会给人以好印象。孩子们需要看到父母之间保持某种程度的礼貌，灰岩的生硬令他们不安。**黄岩是一种在明了自恋交流陷阱的同时做你自己的方式。**黄岩有热度，迫使你留在此时此地（你不会旧事重提），而且也很简洁。我发现在几乎所有情况下黄岩都是一个更好的折中方案，在外人看起来更"正常"，并且推翻了自恋者认为你冷漠的说法。不过，你并没有放弃你的边界或领地，你彬彬有礼，展示出能体现你真实自我的温暖和情感，同时抱有现实的期望——这总是一种胜利。

黄岩是什么样的呢？当明知格洛丽亚经济拮据的母亲在家庭聚餐时问她有没有记得祝贺姐姐乔迁，格洛丽亚简短回复"记得"，这就是灰岩。如果格洛丽亚用温暖的语气回答"记得，我昨天看到她家的照片时就表示过了"，这就是黄岩。

不要深入（DEEP）！

卡莉那位又挑剔又爱损人的哥哥最近一直在追问她："卡莉，告诉我你为什么不来参加我们的结婚纪念日聚会？这对我妻子来说意义重大，而都结束了你才姗姗来迟。"卡莉解释说，她不得不在医院多值班才能支付账单。"一切都是你博取同情的把戏，不是吗，卡莉？"他回答道。

卡莉试着解释道："先是炉子坏了，然后我的车也报废了，这个月我过得太难了。"

"你总有理由，你几个月前就知道了，她特意请你来。"她的哥哥回答道。

"我知道，我真为你们感到高兴。25 年可真了不起！我怎样才能让你好受些？我能做些什么，也许请你们吃个饭？"卡莉说。她的哥哥气冲冲地说："不用了，谢谢，你很可能再次爽约。"卡莉哭着告诉她的朋友："我是个糟糕的人。我说我会去的，但我去晚了。"

你与自恋者交谈时，有多少次是因为要回应自恋者并认为他们听进去了而使得谈话偏离了轨道？在自恋型关系中生存意味着要抛弃你通常的沟通策略，不要进入自恋者的有毒圈套。"不深入"技巧（DEEP technique）可以让你快速记住，如果你想保护自己，避免陷入典型的被欺骗、被诱骗和被否定的混局，就**不要做什么**。这是避免陷入令人沮丧的谈话和自责的工具，切断你对他们的供应并留出你的带宽。在实践该技巧时，你**不要**：

- 辩解（Defend）
- 解释（Explain）
- 参与（Engage）
- 个人化（Personalize）

不要辩解。面对自恋行为，我们最常犯的错误就是为自己辩解。当有人指责你做了你没有做过的事，或者说了一些你不同意的话时，想要为自己辩解是很自然的。但你要记住自恋者的基本规则：他们不会听的。所以，不要费力为他们提供大量的自恋供应，最终陷入不必要的、你不断为自己辩解的争论。当你听到自恋者在别人面前说你的坏话时，可能不知如何处理。此时，最好和听到这些话的人谈谈——如果有人愿意相信自恋者，需要反思的是那个人而不是你。如果自恋者的行为是诽谤性的，并造成了职业和经济损失，请聘请律师。不辩解不是当受气包，而是避免在毫无意义的事情上浪费你的精力。

不要解释。由于自恋者非常善于操纵，所以每当他们操控你时，你会觉得有必要解释自己。问题是他们会歪曲你的解释，并且在你意识到之前，你就已经在为自己进行辩解了。你可能觉得，如果自恋者能明白你的观点，事情就会变好——但他们不会。我会让客户以书面、面谈或者他们喜欢的任何方式向我解释自己，只是为了一吐为快，而尽量不去向自恋者解释一切。彻底的接受让他们意识到向自恋者解释自己就像向雨解释为什么下雨一样：雨不在乎，会一直下下去。

不要参与。这就是灰岩、黄岩和防火墙发挥作用的地方。避免与自恋者纠缠。如果他们在谈论某事，你可以简短地回应，然后继续做自己的事。不要主动参与对话，因为通常情况下，对话会以糟糕的结局收场。不要给出反馈、建议或批评——让他们自生自灭。与某人一起生活或定期接触而不与之进行有意义的互动或交流是非常困难的，但在开口之前在脑海中演练整个对话是一项很有用的练习。如果你很了解自恋者，你会发现，即使在你的"想象中"，对话也会以操控、发怒或否定的结局收场。这项练习可以帮助你在参与之前阻止自己。

不要个人化。这一条可能很难做到，因为自恋者的行为感觉就是针对个人的——而这确实是针对个人的，因为你受到了伤害并且有着真实的情感。很多人想："也许是我的问题，所以他们才这样对待我。"但请记住：不是你的问题！你并不是唯一一个被自恋者这样对待的人，尽管你受到的伤害可能最大。他们对你的关注不够，所以无法真正贬低你；他们贬低你的自恋供给，因为这就是你或其他人的全部价值。对于亲历者来说，这可能很难接受，因为你多年来一直深陷在自责之中，认为当然是你的问题！事实并非如此，你越能摆脱这种信念，就越容易脱身。

虽然 DEEP 是一种有用的技巧，但它并不总是无往而不利。有人告诉我，一旦她用这种技巧脱身，自恋的配偶就会抗议说他对"相敬如宾"的关系没有兴趣，而且表现得更糟糕。"不深入"技巧常常会向你揭示自恋型关系中令人不快的真相，有助于你彻底接受，但它仍然会刺痛你，特别是如果你打算留下来的话。

别再围着他们转了

当你继续维持这些关系时，最大的挑战是自恋者仍然出现在你的生活中，他们仍然是你人际关系的重要组成部分。在你了解自恋之前，你的生活就是为他们服务（**我希望他们觉得不错，如果他们能开心，我会做得更好**）。当你开始彻底接受他们不会改变的事实时，可能仍会把你的心理马车拴在他们身上（**我要治愈只是为了让他们知道他们没有权力控制我；我希望我得到升职只是为了惹恼他们；我希望他们发现我在和新人约会**）。

问题是，当你这样做时，自恋者仍然是一个参考框架——你治愈是为了向他们证明什么，并成功地战胜他们。治愈意味着让他们彻底消失，意味着致力于你的成长、成功和幸福，而这些与他们无关。随着你的治愈，他们不再是你故事的中心。在治愈的同时留下来，你必须不再那么关心他们身上发生了什么。这并不容易，需要你做大量的工作（是的，我是在对你——调解人和救助者说）。当你变得更加超然，你甚至会觉得自己很冷漠。你或许永远不可能对一个给你的生活造成如此大伤害的人完全无动于衷，但你可以努力让你的故事与他们脱钩。

解决自责问题

解决自责问题需要自我监控：找到并掐断那些会助长自责的语言、思想和行为。你可以先在治疗中或与可信赖的朋友或家人探讨关系中发生的事。阳光是最好的消毒剂——它可以消除羞耻和责备，帮助你摆脱这些有害的循环。发现自己在道歉时立刻掐断（我真的做了需要道歉的事情吗？）。试着记录你说"对不起"的频率，因为频繁的道歉可能代表着自责背后的自我对话。

日记同样也是一个有用的工具。我推荐流程图模式（用星号突出显示自责模式，用箭头显示行为与事件之间的逻辑），举例如下：

丈夫对我大喊大叫，因为他忘了要带到办公室的文件——他说如果我把家里收拾得更整洁一些，他就会记得它们。→我道了歉*，开始疯狂地打扫房间，并在门口腾出一小块地方放置要带去办公室的东西。*他因为我把桌子放在门口而大发脾气。→我为此而道歉，*但又不敢问他什么办法更好。→第二天，我想把事情做好，所以我提醒他再检查一遍，确保东西都带齐了。*→他因为我把他当成傻子而生我的气。

记录这些桩桩件件可以让你了解自己是在何时何地以及如何陷入这些循环的。你可能仍然会想，**我还能做什么？**事实上，你所做的任何事情都会面临自恋者的怒火和推卸指责，所以你可以单纯地同意忘记文件一定是件麻烦事，然后让他们继续发火就好。至少下一次你不太可能陷入道歉和试图补救的恶性循环。你可以承认你犯了错——**哎呀，我煮得过火了，或者我走错路了**——但不要把它看作是你作为一个人的失败。

找到你的真北 [a] （ True North ）

在很多事情上，阿尔多已经不再上他自恋母亲的当了，他大幅度地减少了接触，也极少交流。他为自己感到骄傲。有一天，她又开始刺激他，他没有理会，然后她开始挖苦他的孩子："我发现玛丽拉又胖了一些，今天午餐时我告诉她应该多吃蔬菜，可以不吃意大利面。"阿尔多无法忍受，说她太过分了，玛丽拉都已经这么苦恼了。他抓起外套冲了出去，而其他家庭成员却指责他"反应过度"。他很生气自己又上当了，但他无法不去保护他的女儿，即使这强化了母亲对他的影响。

现实中的不幸是，你不能一直置身事外。如果自恋者开始对你关心的人或事——比如你的孩子，你的家人，你的宗教信仰——大放厥词，你会怎么做？或者他们信奉种族主义或不宽容的信仰怎么

---

a 译者注：真北（True North）是沿着地球表面朝向地理北极的方向。此处隐喻为核心价值观、原则、目标和方向，以及最在乎的人或事。

办？有时你还必须介入与你关心的人有关的重要家庭内部财务或法律问题。这些时候"不深入"可能不太现实。你生活中那些你愿意为之战斗、愿意为之进入"虎笼"的东西，就是你的**真北**。你的真北可以是你的孩子或家人、你的工作、意识形态或信仰。例如，你与一个自恋的共同抚养者保持着某种关系，当他嘲笑或嫁祸给你们的孩子时，你会放弃一切置身事外的做法，奋起保护你的孩子。

只有当与你的真北有关时，与自恋者接触才会产生更大的影响，因为你现在不会什么都和他们争论一番，你会为重要的斗争节省带宽。但这也意味着自恋者会得知你的真北，并利用它们来刺激或诱导你。如果发生这种情况，就回到"不深入"状态，或者再次认真审视这段关系。

热身和放松

达夫发现，在去见一位极其有毒的同事之前，只要先在车里做五次深呼吸，并提醒自己不要上当或个人化，结果就会不一样。在又一次无效的会议之后（达夫有意把它安排在快下班时），他们在回家的路上遇到了一位关系不错的老朋友，并计划晚上早点上床睡觉。达夫这种方式很有效。

如果你想锻炼身体，你通常会在锻炼前做些热身活动以防止受伤。拉伸可以让你的肌肉为高强度运动做好准备，运动之后的放松会让你的身体避免抽筋。这可以作为如何与自恋者互动的参考。热身和互动后的放松可以"拉伸"你的彻底接受肌肉，让你在事后得以恢复。你永远不想在没有准备好时就与自恋者互动。即使只有片刻，也要闭上眼睛，深呼吸，提醒自己不要深入，然后你就可以开始了。

事后活动就是我所说的放松。与自恋者互动后留出一段时间，可以简单地再次深呼吸，或者求助于"这不是我的错"咒语。如果这是一次特别艰难的互动，在条件允许时，不要马上去做你日程安排中的下一件事。先休息一下，散步，喝茶，听音乐，洗澡，和朋友聊聊天，健身，看电视——做一些让你重新校准的事情，从艰难的互动中走出来，用一分钟重置你的心灵。

永远不要说他们自恋

继"不要深入"之后，你应该能够理解这一点，但许多人在终于知道了这种关系模式叫什么名字之后，还希望自恋者明白我们知道他们是什么人。**不要戳穿他们。**你可能会想，**为什么他们能逃脱惩罚? 这不公平!** 这一切都不公平。如果你真的和他们纠缠他们的"自恋"，你就会得到一大碗废话沙拉，旁边还有煤气灯调料。这样做无济于事，最后还可能让你被人当作自恋者，他们不可避免地会发火，而且不会改变他们的行为。即使你已经离开，这样做也没有什么意义；但如果你要留下，这绝对是徒劳的。这种个性类型的架构及其运作方式应该成为你的导航工具，无论是留下还是离开，讨论自恋都不利于你的治愈。

获得治疗和支持

如果你在生活中与自恋者保持着接触，治疗必不可少。如果你正在接受治疗，重要的是要明白，在这个过程中没有奇迹。持续的自恋虐待会损害你的心理健康，所以给自己找一个参谋非常有用。集体治疗也不错，尤其是当它针对的是有毒关系的亲历者并且更实惠时。支持小组是一种有用的辅助手段，但不能替代治疗，因为它们通常由同病相怜的人主持，并且没有受过训练的心理健康专家在场。

在世界上的大部分地方，心理治疗并不容易获得，而且价格也不便宜，这加剧了自恋虐待对缺乏社会和经济资源的人的危害。缺乏资源意味着他们往往在这些关系中陷得更深——搬出去、请律师、支付离婚费用或辞职都不可行。财力不足的人生活压力已经很大，而自恋虐待会是他们感到最难解决的。资源少的人被边缘化意味着，缺钱的人更有可能被各种系统（包括医疗保健、司法和执法）操控和否定。尽管我在本书中建议进行治疗，但我痛苦地意识到，对于许多人（如果不是大多数人的话）来说，这不是一种切实可行的选择。

许多治疗师都在学习自恋虐待，因此，虽然找到一位专门研究自恋虐待的治疗师是最佳选择，但一位熟悉自恋和对抗性性格类型、创伤或家庭虐待的治疗师也可以帮到你。首要的是，选择一位尊重你、让你觉得安全的治疗师。你想要的治疗师不会责备或耻笑你，不会问你如何助长自恋者的行为，不会因为你怀疑你生活中的某个人是自恋的、有毒的或操控你而斥责你，不会要求你给他们第二次机会或一直设定永远不会被尊重的边界，最重要的是，永远不会问你"为什么不离开"。对于亲历者来说，不带偏见、了解创伤、真诚且熟悉自恋如何运作的治疗至关重要，尤其是当你与自恋者继续接触时。

接下来是夫妻治疗。治疗对你个人来说是个不错的选择，但对自恋者进行夫妻治疗可能会比较棘手。与非常强势的治疗师打交道时，一定要睁大眼睛。如果你的夫妻治疗师不了解自恋，他可能会完全被自恋者的魅力、感召力和自信迷住。如果你的治疗师打算惩罚自恋者并要求他承担责任，那么你要知道，自恋者很可能会退出治疗。众所周知，自恋的伴侣擅长操纵治疗，并在你情绪崩溃地诉说挫折和强烈感受时表现得很镇定。如果你的个人治疗师很棒，并且能够在你感觉不安全时结束夫妻治疗，那么值得尝试一下。如果治疗就是换个被指责的地方，或者你的自恋伴侣把治疗过程当作武器，那么你最好重新考虑。同样，当职场中的人建议通过"调解"来解决与有毒同事或老板的冲突时，也要小心。如果调解人不了解自恋，治疗的过程不过是更多的操纵和否定，此时就有必要在工作场所之外寻求治疗。

最后，正如全书所述，如果你想留下来，除了治疗之外，社会支持——朋友、家人、你可能在课堂上遇到的人——是至关重要的。认同、尊重、移情和富有同情心的人、关系和经历对治愈过程至关重要。

在灵魂上划清界限

这可能感觉不好，也不真实，但你可以在表面上维持关系的同时试着让你的灵魂远离它。我曾与一位女士合作过，她会告诉她自恋的丈夫一个新想法或好消息，而他总是似听非听，还问她这个"疯狂的想法会让他付出多少代价"，或者说她取得的任何成功都是因为运气好。出于各种原因，她不想放弃这段婚姻，但我们一起让她不再将他当成她想分享好东西时的首选，从而避免受到心灵打击。

在灵魂上划清界限可以保护你的脆弱、你的梦想和你的希望。这意味着察觉并适应自恋行为及其对你的影响，并改变你的做法——减少参与和分享，不要上他们的圈套。把你的内心留给那些能够对等回应你的人。当你试图在灵魂上疏远他们时，想象自己坐在一团光当中，这是你与他人否定行为之间的薄膜。仅仅是想象自己在那个空间里有多么平静安详，就可以深化这种灵魂疏远的体验。

———————

与自恋者保持联系或与自恋者彻底断绝关系并不总是唯一选择，但留下并不意味着你无法治愈、无法接受新的视角、无法争取更大的自主权以及无法从自恋虐待中恢复过来。你可以采取一些或大或小的行动来保护自己，包括利用你对自恋行为的知识来保持距离，哪怕条件有限、环境有毒也要自我成长。这些小小的调整和转变可以帮助你应对，保护你关心的人，并让你探索和拥有真实的自我意识。久而久之你会发现，留下并且治愈会让你跳出这段关系，但是你需要设定一个合适的时间表。

第九章

重写你的故事

为了活下去讲述我们的故事。

—————琼·迪迪恩—————

　　回首过去，露娜觉得自己像一个"有前途的机器人"。露娜在一个传统父权文化的移民家庭中长大，父亲自恋，母亲则饱受情感虐待，一生都在安抚她那不断抱怨的丈夫。露娜是家里的金童、调解人和揭穿者。她是个优秀的学生，而她的哥哥却是替罪羊。他们那恶毒而脆弱的自恋父亲有时会优待露娜，作为亲历者，露娜对此深感内疚。除非露娜屈从于父亲的要求——学业出色、打网球——否则他永远不会注意到她。他们所有人都被忽视，战战兢兢，大多数时候都如履薄冰。家族视她的父亲为巨人，常常纵容他的不良行为。

　　露娜雄心勃勃，聪明过人，但母亲因创伤而自顾不暇，以及父

亲的刻薄和忽视，都使得她得不到很好的引导。她没有足够的自信
去寻求指导和自作主张。她靠着天生的才智从一所还不错的大学毕
业，并考上了医学院，成为了一名医生。作为社区医生，她事业有成，
也具备成为治疗和研究领域领导者所需的技能和进取心，但她说服
自己放弃。她深深地内化了那些童年的说辞，认为自己不够好。
对自傲和失败的双重恐惧，以及与之相伴的蔑视和嘲笑，都牢牢地
植入了她的情感 DNA 中，成了一道障碍。她真的相信自己无法满足
大家的要求，也无法应对重大的失败。她从来没有考虑过成功的可能，
想的只是失败带来的灾难。

露娜的恋爱对象通常是那些成功但瞧不起她的男人。后来她遇
到了一位比她大 10 岁的资深医生，并和他结婚生子。随着时间的推
移，她的天赋和抱负被进一步压制，让位于对丈夫事业的关注，她
还经常被丈夫贬低。露娜的事业一蹶不振。她在一家经营不善的中
级社区诊所工作，这家诊所的管理层会否定她，让她得不到应有的
认可。她的丈夫善于操纵、脾气暴躁、控制欲强，总是在吵架后让
她觉得自己有问题。露娜感到十分压抑，在治疗中，她承认自己甚
至幻想过如果丈夫死掉，她终获自由会是什么样子。她的治疗师问
她："除了幻想某人死亡来获得自由，你有没有想过摆脱这段关系？"
露娜说："我不知道我是否有勇气这样做。"

露娜继续接受治疗，与值得信赖的朋友们交流，渐渐意识到离
婚意味着失去她的原生家庭，因为她的父亲认为离婚会给家庭带来
耻辱，并会让她和两个孩子面临经济危机。但最终，她认为离开是
最好的选择，于是搬进了一间小公寓，和前夫共同抚养孩子。

离婚并不顺利，而且由于各种复杂的原因，露娜最终得到的比

预期的要少。但她并不担心。她想，**我自由了，我终于可以追求我的梦想，做我想做的事了！**但事情并不总是像她希望的那样顺利。露娜会放弃一些好机会，因为她觉得自己不够好而且"步子迈得太大"。婚后，她把财政大权交给了丈夫，因为他经常在钱的问题上斥责她，结果她现在不得不补习生活所需的各种财务知识。她的父亲认为女人不需要管钱，所以她也得不到他的指导。露娜债务累累，但她觉得至少自己的错误自己承担，这仍然比婚姻或原生家庭中的凄惨生活要好。

露娜终于又开始约会了，但你知道吗，她遇到了更多自恋的男人。她与情感虐待的男人建立了新型的否定关系，她的前夫一直都忠实于她，但她现在却被自恋者的背叛所刺痛。虽然她设法慢慢地从这种新的自恋型关系中爬出来，但已经心力交瘁。不过，她仍然与家人保持着严格的界限。即使生活艰难，露娜也会每天提醒自己，自立和单身仍然要好过她的大部分恋爱时光。

后来，她创办的业务逐渐有了起色。在发展过程中，她的每一个决策都遭到否定——然而讽刺的是，心力交瘁却让她受益匪浅。她没有精力吵架，也不会妄自尊大。新业务渐渐壮大，占据了她的全部时间，她每天都在担心会不会失败。

时间一长，露娜意识到，尽管她已经与自恋的家人和前任保持距离并设定了边界，但他们的声音仍然萦绕在她的脑海中。她发现自己陷入了这样的循环：想要用生意兴隆来证明他们是错的，或者让他们感到骄傲。她在治疗中要做的就是明确她的感受、她是谁，以及她想要什么，并忽略身边的自恋者对她的看法。她甚至不和他们谈论她做的事，慢慢地，她不再在乎他们会怎么看待她或她的工作。

　　根据露娜的描述，她现在很快乐。她说生活很艰难，也很痛苦，但现在她对自己的生活和人际关系有了清晰的认识。她确实为自己的人生效率低下而感到悲哀，直到快 60 岁才达到自己最终想要的状态。但她现在以彻底接受的心态活着，她的社交圈缩小到一小群富有同情心和同理心的人，她不会把时间浪费在那些压榨她的人身上。

　　在那些最黑暗的日子里，露娜承认自己曾想过，如果父母彼此相爱——慈爱的父亲和充满活力的母亲，如果拥有自己的爱情故事，如果受到鼓励和支持，她会是什么样子。而其他时候她意识到，如果没有这些挣扎，她就不是现在这个露娜了。她为自己的机敏感到自豪。当其他人在抱怨事情不顺心时，她却感激现实的期望给了她不抱怨的自由；多年来不得不与有毒的人打交道让她能够从自身出发，随机应变。她对生活中的失望做好了充分的准备，不再把它们个人化。拯救她的是成功时的喜悦和感恩；她与那些令她惊喜的美好日子同在。她能提早识别自恋的人，不去接近他们，而且震惊地发现自己不再在意帮凶们的意见。她仍然对生活中的某些方面感到悲伤——比如在看到或听到那些婚姻幸福、财务充裕的夫妻白头偕老时——但那些时刻现在就像心理上的阵痛一样迅速过去了。与此同时，自由自在、与女儿共度的美好一天、带母亲一日游和她的事业，都令她沉醉。尽管十分痛苦，但她还是在父亲生病时挺身而出照顾他。她不求回报，当她反思"为什么"时，她意识到这不是为了他，而是为了她自己。这就是她。

　　这不是露娜想要的路，这是她走出来的路。她终于了解了自己，看清了家人和以前的关系对她的伤害和虐待。她知道没有橡皮可以擦掉这些伤痕。她意识到自己是谁，并活出了她的自我意识和价值观。

露娜终于觉得可以毫无畏惧地做真实的自己，正在重写自己的故事。她体会到了有和没有煤气灯操控者的生活之间的差异，不会再被愚弄。一年前，她新认识了一个人。他善良、富有同情心、尊重她的工作，不会指手画脚。她一直在留意危险信号，坚持慢慢发展。他对这些都没有意见，事实上，他带来了善意，看到了她的天赋，而不是对她进行情感轰炸。露娜坠入了爱河，但她承认，信任对她来说永远是一场较量。她慢慢地笑着说："我之前的生活只有盐和柠檬，而现在则是咸焦糖——这一刻，咸味和苦味确实衬托出了甜味。"

———————

你费了太大的力气去理解自恋者、学习如何在这种关系中生存，以至于你忘记了，随着你的治愈和成长，在心理上和生活中继续前行，你的余生就在眼前。自恋型关系可以成为你开发自身潜力的大师班，提醒你值得争取，你很可爱，你有着这种关系之外的身份认同，你可以抛开过时的童话，重写你的故事。自恋型关系让你无法回答"你好吗？"这么简单的问题，因为你实际上不允许有自恋者控制范围之外的感受或体验——这是一个令人清醒的认识。这种关系是一个永恒的困境：表达你的真相，被否定，或者屈从于他们，因没有自己的人格而感到羞愧。随着进一步治愈，你的长期目标将是逐渐确立个人主权，并且不会为此而感到愧疚。

当然，这并不容易。脱身、放手、减少联系、说你"已经克服了"——所有这些都只是表面文章，除非你真的愿意深挖你自己。从自恋型关系中治愈的最后几步需要你认识到，你对自己的很多看法已经被自恋者的视角扭曲了，就好像他们让你戴上了一副失真的眼镜，现在你要学会摘下眼镜看自己。**终生的治愈是一段旅途，悲伤将让位于梦想和更有希望的未来。**找到某种方法来走出痛苦，哪怕发生了所有这些事也要追求快乐。只要自恋者还活在你的脑海里，你可能就不会喜欢自己。必须驱逐他们，还要适应将自恋者从你的思想、心灵和灵魂中驱逐后带来的空虚感。

前面介绍的许多治疗策略都是关于如何"应对"自恋者对你生活的影响。这些工具让你准备好更进一步，不再将自恋者当作你故事中的中心人物。现在该从诚实和自我觉知的角度修改你的叙事，反思你从这段艰难的关系中吸取的教训，而不是停留在旧有的叙事中。

我们是否——我们能否——在遭受了情感虐待关系的重创之后继续成长？这说起来很复杂。简而言之，答案是肯定的，而且很多人都能做到。你可以从挫折和恐惧中成长，这体现在更加感恩、更明确的优先顺序、更强烈的同情心和归属感、培养新的兴趣和适应能力、更有信心、更有意义的个人叙事和信念以及更明确的目标感[1]。创伤后成长的问题超出了本书讨论的范围，但当研究人员在争论创伤后成长[2]的术语和构成时，我们确实知道，继创伤之后，我们会发生一些事情，而且并不都是坏事。

你可以利用和培养你内心的这种转变。你可以，也应该在安全的地方光明正大地谈论它，清除你一路走来所遭受的耻辱。让自己摆脱自恋者的叙事，并成为你故事的主角。重新构思你的叙事，并认识到是时候让自身叙事的第二章反映你所学到的东西了。治愈需要你管理负面情绪，信任和感受你的身体——它不仅承载着此类关系的痛苦，也蕴含着你已经偏离的直觉。你会成为你新版故事的作者和编辑，这意味着要直面痛苦，抵制完美主义和消极的自我对话，为意义、目的和相互认可的同理心创造空间。

我们生来就有治愈的能力，这就是生命。大自然中到处都是治愈并继续生长和繁衍的例子。一棵树在树枝被砍断后仍会继续生长，海星的腕足可以再生，花草树木在野火过后再次繁茂。你也不例外。你的心灵可能被此类关系撕裂了，但就像所有生物一样，在最艰难的日子里提醒自己，活着就要治愈。

狮子的故事

在本书的开头，我说要停止讲述猎人的故事，把重心转向狮子的故事。但我们要从哪里开始呢？

重写和修订你的故事意味着要了解自恋型关系对你的影响。对许多人来说，自恋型关系从人生之初就存在了。我们一生都在安抚、取悦并试图赢得自恋者，或者只是试图引起他们的关注或认同我们也是一个有着自己的欲望、需求和感受的人，而这一切塑造了我们的整个身份和人格。我们生活在自恋者所投射出的羞耻感中，因为害怕被贬低而压抑我们的抱负、目标或梦想，或者为了讨自恋者的欢心而改造它们，使它们不再是我们的抱负，而不过是逃避他们的怒火和否定的另一种尝试。如果你不再只是在自恋者的故事中扮演某个角色，那么是时候考虑你是谁了。

哪怕我们真的反抗了，这种反抗行为也是对自恋型关系的一种回应。我们的不同观点、偏好，甚至头发的颜色都可能是在疾呼，为的是让自恋者听到和看到我们。因此，即使争取自主权也是在抗衡自恋窒息或否定，而不是在展现我们是谁。自恋型关系告诉我们，我们的需求无关紧要，我们逐渐相信对方的需求和愿望就是我们的需求和愿望。

甚至连我们的自身感受都会制造紧张。摆脱自恋虐待意味着承认并明确表达需求，不要在关系中的混乱局面里纠缠不清。不要说"我想成为一名母亲，我会让我妈妈知道该怎么做，因为她是个糟糕的母亲，害苦了我"，而是直指自己的需求，不管自恋者如何看待我们或他们做了什么，只需说"我想成为一名母亲"。处于这种关系中意味着闭口不谈与他们无关的一切。能够识别和表达我们的感受是一个巨大的转变。

当你撰写自身叙事的第二章时，是时候思考这些重大问题了：你是谁？你想要什么？你需要什么？你支持什么？这并不容易，但这是任务。本书中的所有练习、资料和建议只有在能够协助你完成展示真实自我这一首要任务时才有用。现在就让自恋者从你的故事中淡出，并了解你与这些关系无关的自我。有时你认为你已经将某些人从生活中剔除，但他们仍然占据着你的大部分心思，因为你还在花大量的时间反思这些关系。在露娜的故事中，奋斗是为了证明她父亲错了，而不是追求自身兴趣。为了抗衡自恋者而活代表你并没有完全脱离他们，你仍然生活在他们的阴影中，这样的环境虽然熟悉但是有毒。真正的反抗是不对他们做出任何回应，作为一个真实的人，你有完全属于自己的欲望、需求、抱负、错误、优势、弱点、希望和感受。

修订你的叙事

之前，你的叙事是由那些不希望你做自己的人塑造的，现在该换掉它们了，用让你可以获得解放和自主权的新叙事取而代之。这些故事很老了，所以你可能不知道如何下手。这有点像重写一个你童年时听过无数次的童话，它似乎不可能有其他说法了。想象一下小美人鱼盘起尾巴对王子说："嘿，我真的喜欢我的尾巴，如果你想在海边荡秋千、闲逛、真正了解我，就跟我说一声，但其他的免谈。"

第一步是找出那些一直阻碍你前进的失真的旧故事，把它们写下来，你可以只写个梗概或几页纸，也可以写几百页——只要你觉得合适。在你写好你的原始故事后，读读它。现在你已经更加了解自恋虐待，从这个角度读一读它，找出错误的假设（"这是我的错"）。注意故事中有多少是真正属于你的，有多少是属于自恋者的。生活在自恋虐待中意味着你早晚会混淆他们的和你的故事，所以先重写你认为属于你的那部分。你可能会发现，"我从小就非常想成为一名医生"变成了"我热爱科学，而我父亲非常希望我成为像他一样的医生。我父母都想让我上医学院，听话让我的生活变得轻松多了。当医生很好，但我意识到我真正热爱的是写作，所以现在我正在试着写出我成为一名医疗保健人员的经历。"更清楚地审视你的故事。故事可以有不同的结局，你正在为你的故事写下新的篇章。

对被拒绝和被抛弃的恐惧可能会阻止你个性化和重新讲述自己的故事。不要说"我真的不会处理人际关系，像个傻子一样在这段关系里待了那么久"，而是试着说"人际关系有时对我来说很难处理，我正在学习与人相处的新方式。我可以放慢脚步，对自己更好一点。"

一次只写一篇或一个主题，以同情自己的心态书写会使整个过程更容易把握。这需要时间，也需要反省，所以不要着急。

现在也是时候改写你对韧性的理解了。那些在家庭、人际关系和社会上没什么话语权的人早就知道他们的情感不受欢迎或者不允许存在。有许多人在很久以前就学会了压抑自己的情感，而强大和韧性与克制密不可分。许多文化把不表达情绪和感情错误地定义为"韧性"。但默默忍受并不是韧性，即使这会让你周围的人更轻松。当你改写你的叙事时，要反映出你在生活中所拥有和正在体验的任何感觉和情绪。允许自己表达这些感受，正是你的真实感受使你的叙事生动起来，并展示出你真实的自我。你的叙事不仅仅是一个故事，它还体现出你长期以来为了安全地生活在有毒关系中而压抑的感受。

重写叙事时，注意不要将个性化与"你与世界"的对立混为一谈。在遭受自恋虐待后，人际关系似乎令人生畏。重塑叙事时，要清楚创建独立于自恋叙事的身份认同与成为人际孤岛之间的区别。人际关系可以是安全的，新故事的要素之一是承认健康关系的可能性，无论它需要多长时间才能建立。

归根结底，改写叙事并不是一个健康秘诀，它很微妙。它不是从"我不够好"变成"我很棒"，或是一些肤浅的自爱咒语，而是要揭穿"我不够好"的谎言，并最终认识到这一谎言的根源，以及你的人生故事告诉你并非如此。

我曾有一位女性客户，她的母亲、丈夫、兄弟姐妹、前老板和曾经最好的朋友（她婚礼上的伴娘）都是自恋者。一开始，她很抵触这个练习，觉得不可能重写任何东西——而且这么多年过去了，谁在乎呢？但她愿意配合。当她审视自己的旧故事并重写新故事时，她发现自己非常善于应对突发事件，并不像别人向她灌输的那样"不可理喻"，她有能力协调大型项目，并且非常有同理心。她也确实知道如何设定边界（她最初对自己的定位是"受气包"），并且能够提出她需要的东西。她过去的自恋型关系欺骗了她，有些事情明明有证据表明不是真的，但听了太多次谎言之后她相信了它们。她并没有因为给她打气的治疗师说她很棒而改变；证据就在她的生活中。在修改了自己的叙事后，她开始换种方式与自己交谈，疏远了母亲，不再认为自己软弱可欺。一年后，她搬出了婚后住宅，事业也开始蒸蒸日上。

随着你对自己了解的加深，你改写后的叙事是动态的、变化的。自恋型关系中形成的叙事是虚假的，你讲述的故事才是真相。

宽恕的背刺

似乎所有的自助书籍、疗愈实践和经文都在谈论宽恕的价值。从《圣经》到网红再到甘地，都在告诉我们宽恕是神圣的，是正义之路。所以，我在这里告诉你，也许并不是，这么说至少有些非正统。心理学研究强调宽恕的价值，在健康的关系中，宽恕确实很宝贵。但自恋型关系并不健康，所以所有关于宽恕的传统智慧都不适用。

韦氏词典将宽恕定义为"不再对（冒犯者）心怀怨恨"。如果你不再怨恨背叛你的人，那么你就没事了——原谅他们吧。周围的人以及自恋者想要看到你仍然在怨恨时原谅他们，但这不是你内心的真实想法。你之前原谅生活中的自恋者时，发生了什么？大多数时候，自恋者没有意识到宽恕是一件礼物，并改变他们的行为。相反，他们很可能认为这是他们依然故我的许可证。这一切甚至有一个名字："门垫效应"（the doormat effect），意思是原谅一个表现不好、不那么讨人喜欢的伴侣会对自尊产生负面影响。大多数关于宽恕的优点的文章都没有解释自恋和对抗。当我们考虑到那些惯犯和不讨人喜欢的人时，研究表明，如果你不原谅他们，你会过得更幸福[3]。

就我个人而言，我并没有原谅所有出现在我生命中的自恋者。我已经放手，继续生活，希望他们也安好，但我也清楚地知道他们伤害了我，并在某种程度上改变了我，但他们从未为自己造成的伤害负责。我仍然会见到其中的一些人，但之后总是感觉更糟，而且因为这些关系，我变得更加警惕、恐惧并不敢相信人。接受我的不原谅极大地促进了我的治愈，让我不再那么生气。怨恨与宽恕之间的脱节意味着，如果我说要原谅他们，那么就有一些东西拴住了我。对他们来说是宽恕，对我来说是内心压力。不宽恕似乎不像是完全治愈了，是不是？有人告诉我，拉玛尼，你已经开始新生活并把他们抛在身后了，就原谅他们吧。但我不认为不宽恕有什么大不了的，这是对情况的现实评估。这么多来，我一直在宽恕，或者至少认为自己在宽恕，是多重真相让我理解了它。**他们伤害了我，我爱他们，我试图原谅，他们再次背叛了我，我不再信任别人，我仍然害怕他们的批评。继续前进并不仅是宽恕和放手那么简单。从来都不是。**

部分原因在于，我们所谓的宽恕并非如此。放手、继续前进、原谅自恋者的行为或完全忘记它，这些都可以帮助你获得自由，但它们不能代替宽恕，宽恕是一个更积极的过程。反思宽恕（或不宽恕）会让你与自恋型关系的心理联系更加紧密，即使他们已经离开了你的生活。要取得平衡是处理关系引发的压倒性负面情绪，并认识到克服这些情绪不是宽恕——而是远离这些反思。

关键在于，如果要原谅，那应该是真诚的，而不是表演性的。有些人可能会说，"在原谅自恋者时，我承认他们的生活有多么悲惨，我不会浪费带宽去憎恨他们。"我永远不会将原谅视为任何自恋虐待亲历者的前进道路。我支持选择原谅的亲历者，也支持选择不原谅的亲历者——这两条路没有好坏之分。治愈、打造新的叙事和找回自己的声音都是一种选择，原谅也是。让我感到惊讶的是，在关于自恋型虐待的讨论中，有太多是在谈论宽恕自恋者。这真是荒谬至极。如果你不能原谅，你可能会因为缺乏同情心而受辱，而事实上你正在清理自恋型关系的残骸；或者人们会说，如果不原谅就无法治愈。这根本不是真的。

治愈就是要看清楚发生了什么，允许自己感受悲伤和痛苦。这不是你只讲一次的故事，你需要讲好多次才能看清，但是离开这些感受你就无法讲述。它是悲伤和充满痛苦的，从自恋虐待中治愈意味着让自己体味你的痛苦和你的自恋虐待故事。慢慢来，不要觉得丢人，对自己要有同情心。为了忘却自恋虐待，许多人沉溺于工作或其他热爱的活动。这不是治愈，只是在分散注意力。忙碌在短期内可以让人感到安全，漫长的博弈意味着你无法跳过痛苦这一步，直接从忙碌走向更好。我们急于治愈、急于忘掉过去，因此常常忘记停下来感受它，而这是必不可少的。否则，我们将与我们的体验脱节，注定会反思，甚至重蹈覆辙。

从成人自恋型关系中脱身可能需要数年甚至数十年的时间，即使最终脱身，你也会责怪自己停留的时间太长。**我怎么会这么蠢？**

为什么我没有早点发现？是不是我不够努力？有多少是我的错？原谅自己没有发现，原谅自己将同理心与纵容混为一谈，原谅自己找借口。你以前不知道这些，没有人教过你，你怎么会知道？

自我宽恕是一种解脱。将自己从自恋者的叙事中解救出来。你可能觉得你让自己、你的孩子、同事和员工失望了。但你只是希望被父母爱、珍惜和保护；你只是希望爱上一个人，并得到对方的温柔和尊重；你只是希望在职场上被尊重和公平对待；你只是希望大家都有基本的同理心。而你得到的回报却是操控、否定、愤怒、贬低、轻视和残忍。你没有做错什么。停止编造故事吧，原谅自己是走出悲伤的关键一步。

当你改写你的叙事时，以宽恕结尾的想法会很诱人，但你的故事或许有一个截然不同的尾声。

从幸存者到成功者

遭受自恋虐待后还能茁壮成长吗？能！茁壮成长并不是要找回"以前的你"——你已经被这种经历改变了，而是要让你成为一个更聪明、更了解自己、更真实的你。茁壮成长不是诸如揣摩、困惑、焦虑和自我怀疑之类的艰苦求生日常，也不是每天做饭和工作这么简单。当你开始茁壮成长时，你不再做那些事，也不再想知道自恋者会怎么想；他们根本不会影响你的决定或体验。我曾经和无数的亲历者交谈和共事，听他们讲述他们的故事，他们茁壮成长的故事并不总是"创业、再婚、拿到教师资格证"这样的大事。茁壮成长通常只是"整整一天我脑子里都没有响起他们的声音"。

花点时间梳理你的旅程和故事。你可能会认为你的成长、抱负，甚至别人对你取得的成就的赞扬都有些浮夸："哦，谈不上是创业，这太夸张了。""呃，谈论我的成长和过去，感觉有点儿浮夸。"多年来，你一直因为想要按照自己的想法而不是别人强加给你的剧本生活而感到羞愧。当你一言不发或者认为你对理想的描述有些"浮夸"时，要注意了。这不是谦虚，而是你内化了自恋者的观点。你的梦想和抱负并不浮夸。你已经很谦逊了，现在要学会茁壮成长，并在谈论自己时不要觉得丢人。

如果没有结局，故事要如何收场？

现实情况是，自恋型关系很少会有结局。你可能会在幻想自恋者说他们明白了、承担责任或被追究责任当中浪费了一生的时间。他们可能永远不会看到你的痛苦或你失去的一切。他们可能永远不会面对他们的因果报应或低谷，至少不会在你的眼皮底下。但即使没有一个结果，你仍然需要结束你和他们的故事。不是每个故事都有完美的结局，治愈和坚持意味着愿意往前走，即使他们的故事情节不是你所希望的结局。故事的结局是你继续向前，不再让他们偷走你的自我意识和使命感。

促进治疗和康复的活动

以下练习将帮助你改写失真的叙事，促进治愈，培养自主性并摆脱自恋者的影响，以更强大的力量重塑自我和成长。在尝试这些练习时，花点时间反思你的体验，以及你是如何从痛苦中转变和学习的。在这个过程中，一定要同情和善待自己。

重写童话

为什么童年故事很重要？因为它们是成年人构建浪漫故事（追求、拯救、从此过上幸福的生活）的套路。我们大多数人都是听着童话故事长大的，这些童话故事总的来说强化了性别角色，惩罚个性化，美化了和自恋有关的一切：情感轰炸、宽恕、服从、自大和虚构未来。无论你是否成长于一个自恋的家庭，这些故事都在你的脑海中。这个练习很有用：找一个你童年时听过的童话故事，反思它如何维护了家庭虐待模式的合理性，或如何强化了成人亲密关系或职场中的模式（**我只管努力干活，从不指望被人看到，但会有一群老鼠和一位仙女教母来帮我，我将找到真爱**），然后从现实角度不偏不倚地重写这个古老的故事。例如，红舞鞋的故事讲述的是一个因不听父母话而受到惩罚的坏女孩的故事；反过来，把它打造成一个追求漂亮和快乐的女孩只因为想做自己而受到惩罚的故事。如果你能够破解这些童年故事，你或许就能够消除一些贯穿你叙事的僵化思维。

反思你的感受而不是发生的事

如果你的故事讲得足够深入，久而久之，你便不容易受情绪影响。作为一名治疗师，我相信故事是疗程的"B面"——最重要的是客户当时和现在的感受。当你从自恋虐待中治愈并重新构思你的叙事时，留意你的情绪。你很容易迷失在情节中（**我的父母做过什么，**

我的婚礼上发生了什么，我的伴侣出轨了，我的商业伙伴偷我的钱），以至于察觉不到这些感受。细节让你错过了故事中完全属于你的部分：事情发生时你的感受。找回这些感觉可以打破反思循环，培养洞察力，让你更注重现实，并且更加同情自己。

把自己的所有碎片整合在一起

你可能想彻底抛弃曾经处于自恋型关系中的"你"，似乎你的这部分让你感到羞耻。你可能会想："我不愿想起那个和骗子在一起的破碎的可怜傻瓜"或"我不再是那个为了取悦自私而好胜的母亲而活的孩子"。别这么急。为你——一个困惑、受伤、被操控、被贬低，但仍然有力量离开、完成学业，或者在痛苦的分手后幸存下来的人——留出空间。否认你的过去、你的故事和你自己意味着你仍在自我评判并处于破碎状态。对自己要有同情心。**让那些受伤的部分融入你，认识到那些看似软弱的东西往往体现出你的耐心、同理心和力量。**在这些关系之后重新整合你自己意味着用温柔、尊重和爱来讲述你的整个故事。

写一封信

想知道你在治愈之旅中走了多远以及都学到了什么，可以将你现在所知道的一切都写在给某人的信中。那个人可以是仍处于自恋型关系中的自己，告诉"以前的你"一旦你决定离开会发生什么。或者你可以写给十年后的自己，诉说你希望发生的事情，或者写给在自恋家庭中挣扎的童年的你。你可以写给即将与自恋者结婚的人，或者因为父母自恋而不敢表达的人，或者因为老师或老板的否定而在学校或工作中感到迷茫的人。从这个角度写下你学到的东西很有疗效，因为它使你能以某种置身事外的方式用自己的经验去帮助他人。写完后，先搁置几天或几周，然后再读一读。你会发现，你之所以使用自我同情、自我原谅和消除自责的语言，是因为你是在对别人而不是自己说话。现在，把这种体恤的话用到自己身上吧。

传递

你们中的许多人可能在想，**我想帮助其他正在经历这种事情的人，我想在别人像我一样浪费了太多时间之前阻止他们。**传递不仅可以让你认识到你对他人的馈赠，还可以让你从别人的故事中学习，从而塑造你的叙事。针对不同的人以不同的方式传递你在治愈过程中学到的东西。有些人可能会回到学校成为协助其他亲历者的治疗师或咨询师，有些人可能会成为离婚顾问。你可能会参与家庭暴力宣传或家事法庭改革。如果你发现谈论自恋虐待仍然太令人难过或者你只是想把它抛在脑后，你也可把你的同理心和同情心用于动物关爱、社区服务，或者你身边会珍惜并因此而受益的人。

需要注意的是：**不要用"传递"来代替自己正在进行的治疗。**它属于更广义的治疗范畴。不过你想要帮助别人可能意味着你会因此而（再次）精疲力竭。

见证你的"亲历者之旅"

你听说过英雄之旅吗？它几乎是所有神话和传记的路数。它的框架很简单：英雄被"召唤"去冒险，处理严重的危机，几经挫折后回到"家"，脱胎换骨。旅途中，英雄徘徊在未知的世界，遇到了帮手、导师、同伴、威胁和生存危机，回来后不仅改变了自己，还造福了他人。

你是你的旅程中的英雄。你跌入谷底，想要放弃自己，但你还是挺了过来。在自恋型关系中，你面对的是自我否定和自我毁灭，而那些同伴可能是朋友、家人、治疗师，甚至是陌生人。在你成长中最深刻、最痛苦的认识之一便是，并不是每个人，尤其是自恋者，都能和你一起去你要去的地方。随着你的治愈和自立，你会改变与人相处的方式。**这并不意味着你抛弃对方甚至结束关系，而是意味着你在自己内心创造了一个你愿意守护的空间。**回家就是回到自己身边，但它不再是你离开时的那个家，因为现在你能够完全拥有它。关键是要记住，经历过自恋型关系之后，你被永远地改变了——而我相信这是好的改变。

将你的故事分解为以下几个部分：

- 你是如何开始康复过程 / 旅程的？
- 谁和你一起走过了部分或全部的路程？
- 当你几乎放弃的时候发生了什么？
- 回到"家"的感觉是什么样的？

你可能不认为自己是尤利西斯、阿朱那、弗罗多或西塔，但这些神话人物面对的外部威胁远不及你必须从内心征服的恶魔。用英雄之旅的框架构建你的故事会改变你对治愈过程的看法，你从一个挣扎着摆脱困境的人变成了一个勇敢地踏上危险旅程的人。你本来可以选择留在自恋型关系中，从不试图治愈，本可以选择离开但不致力于个性化和治愈，也没有打算收回你的故事，没想过改变一个字。这些都会更容易，但它们不是你现在正在做的事情。

—————

　　治愈就是要把自己从自恋者的故事中剥离出去，摆脱自恋者投射到你身上的剧本和羞耻感，并确立与自恋虐待无关的身份认同。治愈就是要理解、感受和缅怀发生在你身上的事情，对自己所有受伤的部分抱有同情心：你觉得不够好的部分、你觉得破损的部分、你认为不值得被爱的部分、你觉得自己是虐待对象的部分。这些都是你——不是简单地切除它们，而是要接受并爱它们。当你把这些破碎的部分整合成一个更大的真实自我时，你就能够脱离身边的自恋者，并打破他们让你成为他们手中棋子的企图。

　　从自恋虐待中治愈更像是一个过程，而不是一个目标。这是一种微妙平衡的状态，你脱离了自恋者强加给你的叙事，适应了与他们无关的叙事。它不是被迫原谅，而是漠视甚至无视自恋者，但仍然在乎发生在你身上的事。它是自我同情和成长，哪怕有些悲伤、失落和痛苦，或者正是这些使你成长。最终，这些感觉可能会让你认命地意识到，他们没有选择善待你，这伤害了你，但不是你的错，而是他们的。多年来，你一直认为自己是一个破碎的人，你会悲伤甚至疲倦地意识到，他们只是把自己的破碎、脆弱和不安全感投射到你身上。有些人甚至会对他们有一丝怜悯和同情，另一些人则不会。治愈没有正确的方法，从根本上说，这个杂乱无章的恢复过程就是反复试错。到了这段旅程的终点，无论是在私下还是在公开场合，你都能够展现真实的自我，这将是你给自己、爱你的人以及整个世界的一份礼物。

我真诚地希望这本书能帮助你开始处理并释放自恋虐待带来的痛苦，并为你开启通往自我之路——通往你的力量、天赋、智慧和慈悲。它让你明白，在治愈之后，你还有第二幕、第二卷、续集、新的篇章要写，还有新的、更快乐的生活在等着你。多年来，你被煤气灯操控、被操纵、被否定和被贬低，这让你觉得你不够好，你有问题，你没有权利去感受你的感受。**你想知道，这是什么？我做错了什么？我能做得更好吗？我怎样才能变得更好？你终于彻底认识到——**

这不是你的错。

结　语
Conclusion

在我十年的研究生学习、实习和研究生涯中，从来没有人教过我**自恋**和**对抗性**这两个词。又过了 25 年，我仍然搞不懂人们为什么抗拒讨论自恋型关系对他们的伤害，以及如何才能帮助他们。当治疗师和研究人员还在争论自恋的语义是否"正确"，甚至什么是自恋时，有人正在受伤。我曾经在多次会议上发言，而隔壁房间的演讲者强烈反对将一段有害关系称为"有毒"。那些自恋虐待的受害者们一生都生活在自我否定中，被指责、被羞辱、被阻挠并被迫沉默——每当想到我们因此损失了多少人类潜能时，我都感到不寒而栗。而这种情形一代接一代，周而复始，自恋在社会激励下已形成了一种模式。我们试图为自恋虐待的受害者们设计衡量工具并对其采取干预措施，但这仍然像在空中造飞机一样困难重重。我希望慢慢地我们能达成共识，尽管大多数时候我都觉得自己像个异教徒。

理解自恋虐待就是要使心理学去殖民化，并回击那些不愿意考虑等级制度、特权和守旧危害的旧模式。我看到成千上万的亲历者走在这条钢丝上，我本人也在钢丝上勉力保持平衡——我们都认为：尽管很难，但可以治愈。他们的故事不仅让我想起了自恋虐待的残暴，也给了我相信总有机会再来一次的勇气。记住，这个世界需要你——完整的你。不要退缩，请穿上那件紫色连衣裙。

致 谢
Acknowledgments

我没想过会有这样一本书面世，但经过了一系列不可思议的巧合后，它现在就在你手中。我在写作过程中得到了很多方面的支持，它不仅是一本亲历者指南，也是团体祝福的见证，正是这些祝福让治愈成为可能。

首先，我要感谢许多我有幸与之共事的客户，他们分享了自己的故事，探索并感受痛苦，允许我分享他们的自我发现。还有那些每天、每周、每月参加我们为自恋虐待亲历者提供的治疗计划的人——你们小心翼翼地提问、分享，相互支持，在治愈和个性化方面取得了大大小小的成就，这提醒我事情确实会变好。感谢你们的力量，感谢你们又一天的战斗，即使这再次让你们心碎。

感谢凯利·埃贝林和艾琳·埃尔南德斯——你们是这项工作的命脉。如果没有你们，这一切都不可能实现——你们的创造力、决心、机敏以及愿意在最艰难的日子里陪伴在我身边，才使得这本书得以问世。扎伊德，很高兴你能加入我们这个小而弥坚的团队。你们所有人让这22年变得值得。

感谢企鹅出版社的尼娜·罗德里格斯－马蒂、梅格·莱德、布莱恩·塔特和玛歌·魏斯曼对本书的信任。尼娜，感谢你耐心、温柔但坚定地指导我不断完善，这些改进强化了本书、我的观点和我想要传递的信息。拉拉·阿舍，感谢你对本书初稿的编辑指导。雷切尔·萨斯曼，作为我的代理，你对本书高度认可并且精心呵护。玛丽亚·施莱弗，感谢你对本书的信任并接纳它进入旷野出版社。非常感谢企鹅出版社和企鹅生活出版社所有曾经和现在从事销售、营销和文字编辑工作的人。

感谢我的朋友们，是的，就是你们。艾伦·拉基滕——我们几乎每个晚上都在探讨这个话题，如果没有这些，我不知道这本书还能不能写得这么深入。感谢你在我写作和生活中最艰难的日子里充当我的"教练"和旅伴。吉尔·达文波特，我13岁以来的啦啦队长和带刺朋友。莫娜·贝尔德，如果没有你，我不知要如何度过2021年底的那几个月。感谢我所有的朋友们——过去几年里当我爽约时，你们发来短信和问候，并原谅了我。

感谢我在这个领域的同事和朋友——凯瑟琳·巴雷特、蒂娜·斯威辛、英格丽德·克莱顿、希瑟·哈里斯、丽莎·比利厄、大卫·凯斯勒、杰伊·谢蒂、马修·赫西和奥黛丽·莱斯特拉特，以及美国心理学协会、医疗圈（MedCircle）网站、《心理治疗网络》（Psychotherapy Networker）杂志和国际科技教育服务机构（PESI）的同事们——感谢你们创建社区，并在我陷入信仰危机时为我提供了如此多的支持和鼓励。感谢帕梅拉·哈梅尔给了我剪断创伤纽带的剪刀。感谢玛丽开发了防火墙结构。感谢尼莉亚，感谢你在这一领域中展表现来的非凡勇气和关于如何分享的深刻见解。

感谢《驾驭自恋》（Navigating Narcissism）的所有嘉宾愿意在

致 谢

公共论坛上分享你们的故事，你们的智慧让我能够重新思考书中的许多主题；感谢你们把你们的经历托付给我。

理查德，谢谢你总是给我时间和空间来写作，谢谢你相信这本书、爱我、关注我。

感谢我的姐姐帕德玛，谢谢你听我讲那么多无聊的事情，填补我们记忆中的空白，让我开怀大笑，并树立了强大的榜样。感谢我的外甥坦纳，他告诉我什么是善良。

谢谢你，父亲。我能走到这一步已经很满足。

谢谢我心爱的猫露娜，愿你毛茸茸的灵魂能够明白，我从你那里得到的想法比你知道的还要多。

感谢我的女儿，玛雅和香蒂——你们再一次包容了妈妈的缺席——她在写完一章后才和你们一起吃饭。你们永远是我的真北。请做你们喜欢的事，要知道你们一直都有一个柔软的着陆点。

感谢我的母亲赛伊·杜瓦索拉——奇迹般地，你依然和我们在一起，而且一天比一天坚强。谨以此书献给你的过去和现在。

还要感谢我亲爱的朋友艾米丽·沙普利。世界在 2022 年失去了艾米丽。艾米丽对我的信心要早于我自己。多年前，她的爱和鼓励给了我勇气，让我勇于为自己发声。我将终生感激她在我的生命和整个世界中散发出的光芒。

即使我们失去了生活的天使，善良和光明依然存在。

参考文献
Notes

第一章

1　Z. Krizan and A. D. Herlache, "_e Narcissism Spectrum Model: A Synthetic View of Narcissistic Personality," *Personality and Social Psychology Review* 22, no. 1(2018), 3-31, https://doi.org/10.1177/1088868316685018.

2　Jochen E. Gebauer et al., "Communal Narcissism," *Journal of Personality and Social Psy chology* 103, no. 5(August 2012), 854–78, https://doi.org/10.1037/a0029629.

3　Delroy L. Paulhus and Kevin M. Williams, "_e Dark Triad of Personality:Narcissism, Machiavellianism and Psychopathy," *Journal of Research in Personality* 36, no. 6(December 2002), 556–63, https://doi.org/10.1016/S0092- 6566(02)00505-6; Janko Me_edovic and Boban Petrovic, "_e Dark Tetrad:Structural Properties and Location in the Personality Space," *Journal of Individual Di_erences* 36, no. 4(November 2015), 228–36, https://doi.org/10.1027/1614- 0001/a000179.

4　Sanne M. A. Lamers et al., "Dierential Relationships in the Association of the Big Five Personality Traits with Positive Mental Health and Psychopathology," *Journal of Research in Personality* 46, no. 5(October 2012), 517–24, https://doi.org/10.1016/j.jrp.2012.05.012; Renée M. Tobin and William G. Graziano, "Agreeableness," in _e *Wiley Encyclopedia of Personality and Individual Di_erences: Models and _eories*, ed. Bernardo J. Carducci and Christopher S. Nave(Hoboken, NJ: John Wiley & Sons, 2020), 105–10.

5   E. Jayawickreme et al., "Post- traumatic Growth as Positive Personality Change: Challenges, Opportunities, and Recommendations," *Journal of Personality* 89, no. 1(2021), 145–65.

6   Christian Jacob et al., "Internalizing and Externalizing Behavior in Adult ADHD," *Attention De_cit and Hyperactivity Disorders* 6, no. 2(June 2014),101–10, https://doi.org/10.1007/s12402-014- 0128- z.

7   Elsa Ronnongstam, "Pathological Narcissism and Narcissistic Personality Disorder in Axis I Disorders," *Harvard Review of Psychiatry* 3, no. 6(September 1995), 326–40, https://doi.org/10.3109/10673229609017201.

8   David Kealy, Michelle Tsai, and John S. Ogrodniczuk, "Depressive Tendencies and Pathological Narcissism among Psychiatric Outpatients," *Psy chiatry Research* 196, no. 1(March 2012), 157–59, https://doi. org/10.1016/j.psychres.2011.08.023.

9   Paolo Schiavone et al., "Comorbidity of DSM- IV Personality Disorders in Unipolar and Bipolar Aective Disorders: A Comparative Study," *Psychological Reports* 95, no. 1(September 2004), 121–28, https://doi.org/10.2466/pr0.95.1.121- 128.

10   Emil F. Coccaro and Michael S. McCloskey, "Phenomenology of Impulsive Aggression and Intermittent Explosive Disorder," in *Intermittent Explosive Disorder: Etiology, Assessment, and Treatment*(London: Academic Press,2019), 37–65, https://doi.org/10.1016/B978- 0- 12- 813858- 8.00003- 6.

11   Paul Wink, "Two Faces of Narcissism," *Journal of Personality and Social Psychology* 61, no. 4(Ocober 1991), 590–97, https://doi.org/10.1037//0022- 3514.61.4.590.

12   Schiavone et al., "Comorbidity of DSM- IV Personality Disorders in Unipolar and Bipolar A ective Disorders."

13   Kealy, Tsai, and Ogrodniczuk, "Depressive Tendencies and Pathological Narcissism among Psychiatric Outpatients."

14   Jacob et al., "Internalizing and Externalizing Behavior in Adult ADHD."

15 José Salazar- Fraile, Carmen Ripoll- Alanded, and Julio Bobes, "Narcisismo Mani_esto, Narcisismo Encubiertoy Trastornos de Personalidad en una Unidad de Conductas Adictivas: Validez Predictiva de Respuesta a Tratamiento," *Adicciones* 22, no. 2(2010), 107–12, https://doi.org/10.20882/adicciones.199.

16 Tracie O. A__ et al., "Childhood Adversity and Personality Disorders: Results from a Nationally Representative Population-Based Study," *Journal of Psychiatric Research* 45, no. 6 (December 2010), 814–22, https://doi.org/10.1016/j.jpsychires.2010.11.008.

第二章

1 Evan Stark, "_e Dangers of Dangerousness Assessment," *Family & Intimate Partner Violence Quarterly* 6, no. 2(2013), 13–22.

2 Andrew D. Spear, "Epistemic Dimensions of Gaslighting: Peer- Disagreement,Self-Trust, and Epistemic Injustice," *Inquiry* 66, no. 1(April 2019), 68–91,https://doi.org/10.1080/0020174X.2019.1610051; Kate Abramson, "Turning Up the Lights on Gaslighting," *Philosophical Perspectives* 28(2014), 1–30,https://doi.org/10.1111/phpe.12046.

3 Jennifer J. Freyd, "Violations of Power, Adaptive Blindness and Betrayal Trauma _eory," *Feminism & Psychology* 7, no. 1(1997), 22–32, https://doi.org/10.1177/0959353597071004.

4 Heinz Kohut, "_oughts on Narcissism and Narcissistic Rage," *Psychoanalytic Study of the Child* 27, no. 1(1972), 360–400, https://doi.org/10.1080/00797308.1972.11822721; Zlatan Krizan and Omesh Johar, "Narcissistic Rage Revisited," *Journal of Personality and Social Psychology* 108, no. 5(2015), 784, https://doi.org/10.1037/pspp0000013.

5 Chelsea E. Sleep, Donald R. Lynam, and Joshua D. Miller, "Understanding Individuals' Desire for Change, Perceptions of Impairment, Bene_ts,and Barriers of Change for Pathological Personality Traits," *Personality*

Disorders:_eory, Research, and Treatment 13, no. 3(2022), 245, https://doi.org/10.1037/per0000501.

6 Heidi Sivers, Jonathan Scooler, and Jennifer J. Freyd, *Recovered Memories*(New York: Academic Press, 2002), https://www.ojp.gov/ncjrs/virtual- library/abstracts/recovered- memories.

7 Matthew Hussey, *Get the Guy: Learn Secrets of the Male Mind to Find the Man You Want and the Love You Deserve*(New York: HarperWave, 2014).

8 Patrick Carnes, "Trauma Bonds," Healing Tree, 1997, https://healingtree nonprof it.org/wp- content/uploads/2016/01/Trauma- Bonds- by- Patrick- Carnes- 1.pdf.

第三章

1 Jennifer J. Freyd, *Betrayal Trauma: _e Logic of Forgetting Childhood Abuse*(Cambridge, MA: Harvard University Press, 1996); Jennifer J. Freyd, "Blind to Betrayal: New Perspectives on Memory," *Harvard Mental Health Letter* 15, no. 12(1999), 4–6.

2 Jennifer J. Freyd and Pamela Birrell, *Blind to Betrayal: Why We Fool Ourselves We Aren't Being Fooled*(Hoboken, NJ: John Wiley & Sons, 2013).

3 Janja Lalich and Madeline Tobias, *Take Back Your Life: Recovering from Cults and Abusive Relationships*(Richmond, CA: Bay Tree Publishing, 2006).

4 Daniel Shaw, "_e Relational System of the Traumatizing Narcissist," *International Journal of Cultic Studies* 5(2014), 4–11.

5 Shaw, "_e Relational System of the Traumatizing Narcissist."

6 988 Suicide and Crisis Lifeline: 988lifeline.org; dial 988 or 1- 800-273-8255.

7 Bessel van der Kolk, *_e Body Keeps the Score: Brain, Mind, and Body in the Healing of Trauma*(New York: Viking, 2014).

第四章

1 Daniel Shaw, "_e Relational System of the Traumatizing Narcissist," *International Journal of Cultic Studies* 5(2014), 4–11.

2 Andreas Maercker et al., "Proposals for Mental Disorders Speci_cally Associated

with Stress in the International Classi_cation of Diseases-11," *Lancet* 381, no. 9878(2013), 1683–85, https://doi.org/10.1016/S0140- 6736(12)62191- 6.

3   Jennifer J. Freyd, *Betrayal Trauma: _e Logic of Forgetting Childhood Abuse*(Cambridge, MA: Harvard University Press, 1996).

第五章

1   Judith Herman, *Trauma and Recovery*(New York: Basic Books, 1992), 290.

第六章

1   Pauline Boss and Janet R. Yeats, "Ambiguous Loss: A Complicated Type of Grief When Loved Ones Disappear," *Bereavement Care* 33, no. 2(2014),63–69, https://doi.org/10.1080/02682621.2014.933573.

2   Kenneth J. Doka, *Disenfranchised Grief*(Lexington, MA: Lexington Books,1989).

3   Michael Linden, "Embitterment in Cultural Contexts," in *Cultural Variations in Psychopathology: From Research to Practice*, ed. Sven Barnow and Nazli Balkir(Newburyport, MA: Hogrefe Publishing, 2013), 184–97.

第七章

1   Jay Earley and Bonnie Weiss, *Self- _erapy for Your Inner Critic: Transforming Self- Criticism into Self- Con_dence*(Larkspur, CA: Pattern Systems Books,2010).

2   Kozlowska et al., "Fear and the Defense Cascade: Clinical Implications and Management," *Harvard Review of Psychiatry* 23, no. 4(2015), 263-87, DOI:10.1097/HRP.0000000000000065.

3   Pete Walker, "Codependency, Trauma and the Fawn Response," *_e East Bay _erapist*, January–February 2003, http://www.pete- walker.com/code pendencyFawnResponse.htm.

4   Jancee Dunn, "When Someone You Love Is Upset, Ask _is One Question," *New York Times*, April 7, 2023, https://www.nytimes.com/2023/04/07/well/emotions- support- relationships.html.

第八章

1　Sendhil Mullainathan and Eldar Sha_r, *Scarcity: Why Having Too Little Means So Much*(New York: Times Books, 2013).

2　Tina Swithin, One Mom's Battle, www.onemomsbattle.com.

第九章

1　Richard G. Tedeschi and Lawrence G. Calhoun, "_e Posttraumatic Growth Inventory: Measuring the Positive Legacy of Trauma," *Journal of Traumatic Stress* 9, no. 3(1996), 455–72, https://doi.org/10.1002/jts.2490090305.

2　Eranda Jayawickreme et al., "Post- Traumatic Growth as Positive Personality Change: Challenges, Opportunities, and Recommendations," *Journal of Personality* 89, no. 1(February 2021), 145–65, https://doi:org/10.1111/jopy.12591.

3　James K. McNulty and V. Michelle Russell, "Forgive and Forget, or Forgive and Regret? Whether Forgiveness Leads to Less or More O ending Depends on O ender Agreeableness," *Personality and Social Psychology Bulletin* 42, no. 5(2016), 616–31, https://doi.org/10.1177/0146167216637841; Frank D. Fincham and Steven R. H. Beach, "Forgiveness in Marriage: Implications for Psychological Aggression and Constructive Communication," *Personal Relationships* 9, no. 3(2002), 239–51, https://doi.org/10.1111/1475- 6811.00016; Laura B. Luchies et al., "_e Doormat Eect: When Forgiving Erodes Self- Respect and Self- Concept Clarity," *Journal of Personality and Social Psychology* 98, no. 5(2010), 734–49, https://doi.org/10.1037/a0017838; James K. McNulty, "Forgiveness in Marriage: Putting the Bene_ts into Context," *Journal of Family Psychology* 22, no. 1(2008),171–75, doi: 10.1037/0893- 3200.22.1.171.